# 76億人が暮らす「一軒家」

地球で起きていることにはすべて理由がある

末吉正三
sueyoshi shozo

新評論

# はじめに――「私たちの地球《Our Earth》」から「私の地球《My Earth》」へ視点を変える

「私の地球」という表現、何と利己的な、と思われるかもしれませんが、あくまでも「私」にとって地球がどのような存在意味をもつのかについて、どこまでも「個の立場」で地球を見つめることを基本としています。つまり、「私たちの地球」という概念とは異なります。

なぜ、このような考え方をするのかについて説明しましょう。これまでは、常に「私たちの地球」という視点で語られてきたわけですが、地球環境が問題視されるようになり、これまで多くの議論が積み重ねられてきたにもかかわらず、一向に改善される兆しが見えてきません。そこから導き出された私の答えとして、「私たち」という集合体意識が強いことが理由でどこか「他人《ひと》任せ」になっていて、環境問題を「私」のこととして考えていないからではないかという素朴な疑問に到達しました。

宇宙から見る地球は、青くて、丸い形をした惑星ですが、地表に立つ人類の視点で見ると、つかみ所がなく、巨大で茫漠としています。一個人が地球の問題にかかわろうとしても、いったいどこから手をつければいいのか分からない、というのが正直なところでしょう。しかし、ちょっと視点を変えて、もし地球を「私の部屋」という単位で考えてみると、ゴミにあふれ、かび臭い空気が淀み、不潔で不健康な空間になっていたら、状況を改善しようと誰もが努力するはずです。なかには、何事も気にせず、そのまま暮らせるという人もいるでしょうが、ごく普通の人は自分の責任で汚れた部屋をこまめに掃除するでしょうし、経済的に余裕のある人であれば、専門のクリーニング業者に費用を払ってでも何とかするはずです。

また、自分の家の前にゴミや落ち葉が落ちていたり、道路に雪が積もって歩くのも困難な状態になっていたら、誰に言われるまでもなく自らの意志で清掃をしたり、除雪に汗を流すという人がほとんどでしょう。その様子を見ていた隣人が同じように行動を起こし、一人が二人になり、やがて大きな集団行動に結び付いていくというのが一般的な傾向です。

このような行動が共同体（私たち）を構成するわけですが、元々は一人ひとりの意識のつながりによってできあがったものです。相隣関係が「私」と「私」のつながりによって生まれるように、「私」という個が最初に存在していて、「私たち」が何かをしたというよりは「私」が集まって何かをしたことで密度の高い地域社会がつくられていることを多くの人が知っているはずです。

見出しに掲げた「私の地球」は、私を取り巻く環境を地球規模という単位ではなく、身近な生活単位という小さな範囲で考えることを基本としています。本書は、「私」という個が集合し、関係性をもつことによって社会が成り立ち、国家ができ、そして約七六億人もの人類が「地球」

という一軒家で暮らしていることを前提として書いたものです。

現在、「一軒家である地球」の環境は多種多様な重大な課題を抱えているわけですが、大きく分けて二つの課題があると考えられます。

一つが、生産と消費から排出されるさまざまな廃棄物によって自然環境が汚染されていることです。二酸化炭素など温室効果ガスの増加によって温暖化が進み、気候変動に異常を来たし、毎年のように地球規模の人的・経済的な被害が発生するとともに、修復困難と思われる大きな傷を自然界に負わせ続けています。この問題は深刻化するばかりで、取り返しのつかない段階に近づきつつあります。

原因をどこに求めるかについてはさまざまな意見があります。本書では、七六億人の暮らしから排出されるあらゆる廃棄物の総量が、地球の備えている循環浄化機能（自浄能力）を超えているという視点に立って考えていきます。

もう一つの課題は、地球にストックされているエネルギー関連の資源が大量に消費されており、「収入なき支出」によって枯渇の危機を迎えつつあることです。家計にたとえれば、支出が収入を上回るほどの出費を続けていたら生活破綻が避けられないように、地球も今、まさに同じ道を歩み続けていることをどれだけの人が認識しているでしょうか。新聞やテレビ報道などで知識を得ていたとしても、毎日、何不自由なく電気を利用することができていて、自動車のガソリン給油にも事欠かない日々を過ごしています。それゆえ、エネルギーについて人々が関心をもつのは、大きな災害などで電気やガソリンの供給が止まり、生活に支障を来したときぐらいでしょう。

七六億人が暮らす一軒家の住人は、多様な価値観や異なる言語、さまざまな歴史・文化・宗教のもとで暮らしている家族ですから、今の地球のあり様を「大変だ！」と声高に訴える人もいれば、一人が頑張ったところで「たかが知れている」と開き直る人もいます。

ただ、これだけは言えます。すべてを「他人《ひと》任せ」にしても、地球という一軒家が現在直面している課題は、異常気象や水質汚染などといった形で「私」という個々人に降りかかってくるということです。ですから、「目の前にある地球の環境問題は他人《ひと》事だ」として看過することはできません。

「私の地球」とは、今を生きる人類の一人として、地球をどのように見つめ、何が起きているのか、実態を理解したうえで、どのように行動していくかについて考えるために選んだ言葉です。グローバリゼーション時代に入り、各国のリーダーは経済成長を競っています。彼らの多くに共通しているのは、成長を阻害するものがあればそれを排除するという姿勢です。

地球上のあらゆる生物にとって必要とされる自然環境が悪化している真実を不都合なものとして容易に認めない国もありますし、認めたとしても行動に移そうとしない国があります。一軒家の住人として、自国の指導者がどのような選択をしようとも、「私の地球」が直面している危機を座して見ている行為は許されないレベルに達しています。七六億分の一にすぎない「私」に何ができるかと、「私」自身に問うことからはじめてみませんか。

当たり前のように存在している地球で、当たり前のように日々を過ごしているわけですが、地球の誕生からどのような過程を経て現在のような状況に至ったのか、また将来はどうなるのかについてどの程度の知識をもち、すでに起きている問題の本質をどこまで理解しているかと問われたとき、即座に正解を述べられる人はどのくらいいるでしょうか。もちろん、私にも答えられません。

そんな私が環境問題に関心をもつようになったきっかけは、一九八九年にスタートした東京都のごみ減量キャンペーン「TOKYO SLIM」のコンペに参加したことです。一九九五年、私が提案したコンセプト「ごみから資源へ」が採用され、一九九八年度までの四年間、「TOKYO SLIM」の活動に携わりました。

キャンペーンの骨子は、東京都で排出されるごみ処理場として使われていた東京湾の埋め立て地が限界となり、ごみの排出量を減らすためにその分別を都民に呼びかけるというもので、環境問題というよりは行政による「ごみ対策」そのものでした。

一九八九年のキャンペーン開始当初、年間約五〇〇万トンあったごみは、キャンペーンが終了した一九九八年度には約三八〇万トンまで減少したと記憶しています。確かに、ごみの量は減少したように見えますが、ルールに沿って都民が分別に励み、資源化できるものはリサイクルへ回され、それ以外はごみ焼却場に運ばれて処分されたために埋め立て地に回った量が減少しただけで、家庭や事業者から排出されたごみの総量が減少したわけではありません。

キャンペーンに携わった四年間の体験で、根本的にごみを減らす、もしくはゼロにするには、社会全体の構造を見直さないかぎり実現が困難であることに気付きました。そして、「TOKYO SLIM」キャンペーンにかかわった私の出した結論は、「ごみの分別ルールだけでは、ごみを減量すること

**最終処分場「夢の島」**（出典：カトリーヌ・ド・シルギー／久保健一訳『人間とごみ』新評論、256ページ）

はできない」でした。

このキャンペーンは、前述したように一九九八年度で終了しましたが、青島幸男（一九三二〜二〇〇六）知事の後任となった石原慎太郎知事が、さらにもう一年、予算を大幅に縮小してごみ対策を実施する意向を示したため、一九九九年四月に再挑戦することになりました。そこで私は、東京二三区の全小学生に東京のごみに関する副読本の配布、さらに市町村の全小学校には東京のごみ問題に挑戦するというクイズ形式のＣＤ「おしえてめぐりん――学校《がっこう》やおうちでごみゼロに挑戦《ちょうせん》してみよう！」の配付を提案しました。

「ごみの分別ルールを周知することも大切だが、東京のごみに関する現実と、なぜごみの減量が必要なのかについて、小学生時代から知識として身につけることこそが将来のごみ減量に役立つ」と東京都の担当者に説明したところ、企画が実現することになり、「おしえてめぐりん――学校《がっこう》やおうちでごみゼロに挑戦《ちょうせん》してみよう！」と題されたＣＤを配布しました。

キャンペーン終了後、ごみ問題だけでなく環境問題全体についても関心をもつようになり、「どうやるか

「おしえてめぐりん」のCD

ではなく、なぜやるのか」をテーマに、温暖化、エネルギー、資源、廃棄物、農薬、公害、人口など、地球が直面している問題について書かれた多くの本を読み（その一部を巻末に掲載しました）、「環境問題とは？」を自らに問い続けることになりました。しかし、読めば読むほど答から遠ざかっていったのです。もちろん、私の知識の浅さが理由かもしれません。

私がたどり着いた結論は、「私の住む地球は、なぜこんな状態になってしまったのか？」でした。この結論をふまえて、先人の知恵、環境学者の言葉や提言などを道標《みちしるべ》に、「七六億人が暮らす一軒家・私の地球」の環境問題について、解決策（つまり出口）を探してみようと思って書いたのが本書です。さまざまな本を読んでも今ひとつ理解できなかった私のように、何が理由で現在のような環境状況になっているのか分からないという人も多いことでしょう。そんなみなさんに、私が知り得た環境問題の原因について伝えることができればと思っています。

・スーパーやコンビニのレジ袋を二〜三円で買えばごみは減ると思いますか？
・プラスチックごみはリサイクルされているから問題ないと本当に思っていますか？
・ハイブリッド車や電気自動車にすれば化石燃料の問題は解決しますか？

このような、日常生活における出来事をテーマにして環境問題を考えていきます。読者のみなさんが、日常の生活様式を振り返るうえにおいて参考になれば幸いです。

もくじ

**補記** 二〇二〇年の秋は、日本とアメリカにおいて政治のトップが代わるという大きな変換がありました。新首相、新大統領のことにも少し触れましたが、本書においては、刊行時期の在職名にて表記しました。

# 76億人が暮らす「一軒家」

## ——地球で起きていることにはすべて理由がある

スウェーデンの医師であり、『ナチュラル・ステップ』（市河俊男訳、新評論、二〇一〇年新装版）の著者で「単純化を排したシンプル主義」の提唱者、カール＝ヘンリク・ロベール博士に最大限の敬意を表す。

# 第1章

# コーラの空き瓶とペットボトル

「私たちの故郷である地球は、ますます巨大なごみの山のような様相を呈し始めている」

（第二六六代フランシスコ・ローマ教皇が全世界のカトリック教会の司教に宛てられた文書＝回勅における発言。ＣＮＮ電子版、二〇一五年六月一八日付）

## 映画『ミラクル・ワールド　ブッシュマン』からのメッセージ

『ミラクル・ワールド　ブッシュマン』(1)というコメディ映画が日本で公開されたのは一九八二年のことです。当時、大変話題になったので映画館で観られた人も多いでしょうが、四〇年も前に製作された映画なので、観ていない人のためにストーリーを簡単に紹介しておきましょう。

---

映画の舞台は南アフリカのカラハリ砂漠です。この上空を飛んでいた自家用飛行機のパイロットが、飲み終わったコーラの空き瓶をポイ捨てし、ブッシュマン(藪の民)が住む集落に落ちてきたことからこの物語がはじまります。ちなみに、「ブッシュマン」とは狩猟採集民族サン人のことで、名付けたのはオランダ人であると言われています。

ブッシュマンが初めて手にした、硬くて透明な未知の物体は、水を入れる容器にもなるし、楽器としても使えるし、動物の皮を叩いてなめすときにも使えるなど、このうえなく丈夫で、重宝する魔法のような道具となりました。しかし、空から落ちてきたものがたった一個であったため、サン人の集落では持つ者と持たざる者による騒動へと発展していきます。

そこで、サン人の一人が、災いの種となっているこの未知の物体を、「部落から遠く離れた地の果てに捨ててこよう」と提案します。部落の長老に命じられて捨てに行くことになったブッシュマンですが、その旅の途中、さらなる大騒動に巻き込まれていくという展開です。

たった一本のコーラの空き瓶が、平和な砂漠の民の日常生活に波紋を巻き起こしたわけですが、同じような実話を私は耳にしたことがあります。

この映画が日本で公開された前年（一九八一年）、日本のテレビクルーが南米アマゾン流域に暮らす先住民族の小さな集落を取材するために向かいました。当時は海外のドキュメンタリー番組が珍しい時代で、未開の地、秘境の地へテレビ取材が入るというのは容易なことではありませんでした。先住民族との取材交渉、言葉の問題、疫病対策の予防接種、食料と水など、出発までの準備作業は半端なものではな

（1）　南アフリカ共和国のコメディ映画で、原題は「The Gods Must Be Crazy」。ジャミー・ユイス監督、一九八〇年。現在は、『コイサンマン』に改題されています。

『ミラクル・ワールド・ブッシュマン』のチラシ

かったようです。なかでも、清潔な飲料水については現地での調達がほとんど不可能であったため、テレビクルーの健康面を考えて大量に持ち込む必要がありました。そのときに選ばれたのが、ガラス瓶ではなく、普及しはじめたばかりの、軽くて破損しないペット素材のボトルでした。

一九八〇年代、日本国内で流通していた醤油、日本酒、ビール、サイダーなどの容器は、回収して再利用されるリターナブル瓶がほとんどで、ペットボトルはまだ少数派でした。しかし、大量の水を持ち込むには、ガラス瓶では重量がかさむほか、輸送の手間、破損リスク、使い終わったあとの処理をどうするかという問題が生じるため、テレビクルーはペットボトルを選択せざるを得ませんでした。

アマゾン奥地のある先住民族の集落に入ったテレビクルーは、彼らに文明社会の伝染病をうつすことのないように配慮して、集落から離れたところにキャンプ地を設営し、取材することになりました。取材クルーが到着した当初は警戒して近寄ろうとしなかった先住民との距離が、取材を重ねるに従って近くなっていきます。なかでも、好奇心の強い子どもたちは、取材クルーの持ち込んだカメラ機材や照明器具、身に着けている洋服や靴、メガネなどが珍しくて、クルーとすぐに打ち解けました。

そんなある日、飲み終えた空のペットボトルを一人の子どもが欲しそうにしていたので、クルーの一人がプレゼントしたところ、たいそう喜んで集落に持って帰りました。ところが、間もなくしてその子どもの母親がキャンプ地にやって来て、通訳を通して「こんな高価なモノをもらうわけはいかない」と言って、ペットボトルを返しに来たのです。ごみ同然となった空のペットボトルを高価なモノと考える母親の意向を酌みとり、クルーはペットボトルにかぎらず、二度と子どもにモノをあげることをやめました。

映画『ミラクル・ワールド　ブッシュマン』が公開された時期とペットボトルに関する話を聞いた一九八〇年頃の時代背景を調べると、とても興味深い事実に行き当たります。映画公開の三年前、一九七九年には「第二次オイルショック」が起きています。一九七三年の「第一次オイルショック」の原因は第四次中東戦争でしたが、「第二次オイルショック」はイランの政変を原因としたものでした。いずれも「ショック」と表現されているように、産油国における原油の減産、さらに輸出が止まったことで、先進国の経済は深刻なショック状況に追い込まれました。とりわけ、第二次オイルショック以降は、産油諸国が加盟するＯＰＥＣ（石油産油国連盟）によって原油の輸出調整が行われ、それまで安定していた原油価格が乱高下するようになり、国際経済は不安定な状態が続き、それが現在へと継続されています。

ちなみに、ペットボトルは、第二次オイルショックの時期と同じく一九八〇年代になって本格的な普及が世界中ではじまりました。日本の場合は、食品衛生法の改正によって、清涼飲料用としてペットボトルの使用が認められたのは一九八二年でした。

## 瓶からペットボトルへ

前述したように、当時「ボトル」と言えば「リターナブル瓶(2)」で、牛乳の空き瓶は牛乳販売店が、ビールや日本酒の空き瓶は酒屋が回収して、そのほとんどが再利用（リユース）されていました。当時は瓶そのものの価格が高かったので、空き瓶を店に返却すると容器代としてお金が戻ってきたものです。しかし、需要が高まるにつれて、消費者にとっても、販売店や流通業者にとっても、重くて割れやすく、運搬するにも手間がかかるガラス瓶は次第に敬遠されるようになっていきました。

そんなときに登場したのが、軽くて割れないペットボトルでした。ガラス瓶の欠点を解消するペットボトルは、便利このうえないものとして大歓迎されると思われましたが、再利用されることがなく、使い捨てが前提になっていたために、「もったいない」、「資源の無駄遣いだ」、「処理するとき環境に悪影響を及ぼす」などという反対意見が消費者団体や環境団体などから挙げられ、導入の是非について賛否の議論が起きました。

飲料品の大消費地である東京都は、ペットボトルが導入されることでゴミの埋め立て地である「夢の島」の寿命を縮めるとして厳しい規制をかけましたが、一九九五年に容器包装リサイクル法が施行され、一九九七年から飲料用ペットボトルにも適用されました。その後、しょう油など液体調味料や洗剤などの容器として、ペットボトルが急速に普及したことについては説明するまでもないでしょう。

## エネルギー大量消費の産物

空から降ってきたコーラの空き瓶も、テレビ局の取材クルーが持ち込んだペットボトルも、アフリカの砂漠やアマゾンの奥地には存在しません。存在しないものはすべて未知のモノであり、それゆえ騒動の種になりますし、平穏な生活に波風を立てる「得体の知れないモノ」となります。彼らにとっての容器といえば、土を固めて日干しにしたもの、火で焼き締めた土器類、または木や竹を伐り出して一つ一つ手づくりされたものばかりです。

いずれの素材も、もろくて壊れやすく、朽ちるという性質をもっていますから、容器はきわめて貴重な生活用具となります。そんな彼らの日常生活に突然現れたのが、分厚く、重く、頑丈な

（2）　ガラス瓶の歴史は紀元前にまでさかのぼりますが、瓶ビールのように一般的に利用されるようになったのは一八八〇年代のイギリスで、日本で瓶ビールが初めて発売されたのは一八八八年のことです。

コーラの瓶、そして軽くて割れにくいペットボトルでした。その両方に共通していた材質が、透明で見た目も美しく、朽ちないということでした。

さらに、コーラの瓶とペットボトルには、アフリカのブッシュマンもアマゾンの奥地に暮らす先住民族もまったく知らない、もう一つの共通点が隠されています。それらがつくられるまでにエネルギーが大量に消費されていることです。

手づくりの土器や陶器、竹や木の器は、すべて天然素材を人力によって加工したものです。土器を焼き締めるために使う火の燃料も、天然素材である木です。一方、ガラス瓶の加工や製造には、材料である珪素《けいそ》を溶かすために数百度の熱エネルギーを必要としますし、ペットボトルの原料は、言うまでもなく埋蔵資源である石油です。ともに、生産するために大量のエネルギーが必要となります。

今でこそ、ガラス瓶やペットボトルは地球のどこでも手に入りますが、それはグローバリゼーションによってあらゆる消費財が国境を越えて流通するようになったからであり、流通しているからといって現地で生産されているとはかぎりません。

ここで紹介した二つのエピソードをどのように受け止めるか、読者の判断はさまざまでしょう。未開の地に暮らす人々と先進国との間に起こった「文明の衝突」という受け止め方が多いかと思いますが、私はこの二つのエピソードが、今地球が直面している環境問題の鍵となる「エネルギー問題」を象徴していると捉えています。

空き瓶やペットボトルの生産段階だけにとどまらず、流通、運搬、自動販売機、冷蔵保存、さらに消費後の処理方法などまで、あらゆる段階でエネルギーが大量に使われています。それに対して、ブッシュマンの村やアマゾン奥地の集落では、「煮炊き」と「明るさ」、そして暖をとるとき以外にエネルギーの消費はほとんどありません。

私たちが日常生活で享受している豊かさのすべては、エネルギー消費によって支えられています。そして、ほとんどの場合、経済成長率とエネルギー消費量は正比例しています。ですから、地球上で起きている環境問題は、エネルギーを切り口にして考えるとその問題の本質が見えてくることになります。

## なぜ、恐竜は滅びたのか

本書を著そうと考えた動機にもつながりますが、恐竜と人類の生存した時間について簡単に触れておきましょう。

最初のヒト科の動物（直立で歩く霊長類を含む）が出現してから約七〇〇万年経ちました。すごく長い時間のように思われますが、約六五〇〇万年前に滅亡したとされる恐竜の時代が二億年続いたことに比べると、人類が存在してきた時間は二億分の七〇〇万で、わずか三・五パーセントでしかありません。

身体の大きな恐竜は大量の食料を必要としましたが、その巨大さゆえに滅んだわけではありません。約六五〇〇万年前、直径一〇キロメートルと推定されている隕石が地球（今のメキシコ・ユカタン半島付近）に激突し、その衝撃で舞い上がった大量の塵や灰などによって太陽光が遮られ、光合成ができなくなって植物が枯れ果て、食物連鎖が崩壊したことが原因であるという説が有力となっています。もし、隕石の衝突がなかったら、映画『ジュラシック・パーク』（スティーヴン・スピルバーグ監督、ユニバーサル配給、一九九三年）のように、地球上を今でも恐竜が闊歩してしていたかもしれません。

二一世紀の今、人類が支配している地球はどうでしょうか。化石燃料の大量消費が原因とされる温室効果ガスによって異常気象が発生し、自然災害は毎年のように世界中で起きています。しかも、増え続ける温室効果ガスを減らす手立てが見つからないままとなっているほか、農薬やプラスチック廃棄物によって水や土壌が汚染されており、人類の健康が脅かされています。

大型の恐竜と比べると小さく、力もなく、脆弱な動物である人類ですが、道具を使い、火を使い、火をつくるといったように、高度な頭脳を駆使して技術開発や技術革新を重ねてきました。

そんな人類が、なぜこのような危機に直面して、克服できないほどの困難に陥っているのでしょうか。恐竜の滅亡は、宇宙の営みによる避け難い天災が原因であるとされていますが、人類が迎えている危機は、自らが惹起《じゃっき》した、人為的かつ人工的なものです。

身体が大きく、頭脳の小さかった恐竜が生存した年数は二億年。それよりもはるかに体が小さく、優れた頭脳をもつ人類が誕生して七〇〇万年が経った今、危機的状況に直面している「私」という個々人はどのように立ち向かっているのでしょうか。問題が分かっているならば答えは自ずと導き出せるはずなのに、破壊された環境はいささかも改善されていません。

このような結果をもたらしている理由は、豊かさを享受するために目先のことばかりに意識を奪われ、根本的な問題に触れないようにして、問題解決のために必要とされる議論を先送りにしているからです。複雑に絡み合ってしまった諸問題を解決するのは決して容易なことではありません。たとえ国家や企業のリーダーが議論を先送りにしても、地球に生きる人類の一人である「私」が正面から現実に向き合い、その原因となっている根源について探り、知識を全人類で共有することはできるはずです。

このようなことをふまえて、以下の章では知識を共有するために必要となる、人類発展の歴史を見ていくことにします。

# 第2章

# 誕生から七〇〇万年間、自然が与えてくれた力だけで生きてきた人類

「環境汚染から発生する病気と殺虫剤との関係は？（中略）川から魚が姿を消し、森や庭先では鳥の鳴き声もきかれない。だが、人間は？　人間は自然界の動物と違う、といくら言い張ってみても、人間も自然の一部にすぎない。私たちの世界は、すみずみまで汚染している。人間だけ安全地帯へ逃げ込めるだろうか」

（レイチェル・カーソン『沈黙の春』青樹簗一訳、新潮文庫、一九七四年、二四五ページより）

## 地球誕生と人類誕生——道具をつくる人「ホモ・ハビリス」

人類は地球における生態系の頂点に立っていますが、どのようにして地球の支配者になったのか、その流れを辿ってみることにしましょう。

約一三七億年前、ビッグバンによって宇宙が誕生し、その約九〇億年後に誕生したのが太陽です。宇宙空間では、真っ赤に燃えるドロドロになった塊が飛翔体となってぶつかり合い、溶け合い、合体し、やがて冷えて固まって多くの星が生まれました。その惑星の一つが、四六～四七億年前に誕生したとされる地球です。太陽が生まれた時期とほとんど同じです。本書では、地球が誕生した時期を四六億年前で統一することにします。

生まれたての地球の表面は、真っ赤に溶けたマグマが熱とガスを放ち、数億年の時間を経てマグマが冷えるに従って表面が黒く固まり、次第に球体となっていきます。地表の温度が一〇〇度以下になったとき、雲に含まれていた水蒸気が大量の雨となって降り注いできました。この大量の雨が海をつくり、およそ二二億年前に「水の惑星、地球」になったとされています。生命の起源も、これとほぼ同時期だったとされています。

最初のヒト科の動物（二足直立で歩く霊長類＝猿人）が出現したのは、七〇〇万年前の中央アフリカであるとされています。この猿人は、多くの霊長類のなかから進化したとされていますが、チンパンジーやボノボ、オランウータンは進化をやめて現在に至っている霊長類です。

原始的な人類が出現してからまだ七〇〇万年しか経っていませんが、この七〇〇万年という時間は決して短くありません。ですから、「しか」という表現は適切ではないでしょう。しかし、地球が誕生したのが四六億年前ですから、それに比べると、人類がこの地球上に登場してからの時間は「瞬き」をしたような一瞬にすぎないことが分ります。

二足歩行をするようになって、それまでの前足が手となって自由になり、道具を使うという意味の人類「ホモ・ハビリス」が出現したのは大氷河期のあとですから、今から二五〇万年前となります。ホモ・ハビリスがほかの動物と異なっていたのは、二足歩行になったことで脳が発達したことです。それによって考える力が芽生え、道具をつくり出すといった知恵が育ったと言われています。

道具といっても、初期のころは長い棒きれや大きな石といった、素朴なものにすぎなかったと想像されます。長い棒を使って高い樹木の枝に実った果物や木の実を叩き落したり、高い崖の上などから石を落として大型動物の狩りをするといった、いたって原始的な方法で食物を確保するようになります。やがて、棒きれなどの先を尖らせて本格的な狩りの道具へと改良していくわけですが、その際、硬くて薄い石を削り出して鋭い鏃《やじり》やナイフをつくり、狩りで得た獲物をさばいたり、皮を剝いだりするようになっていきました。肉は食べ、皮は身に着けて寒さを防ぐために利用しました。

身体が小さくて力も弱く、厚い甲殻や皮膚、そして牙や角を備えていない人類は、多種多様な地球生物のなかでは弱者に属していました。しかし、約二三〇万〜二五〇万年前に道具をつくり、その道具を使うことで弱点を克服し、その後につながる人類進化の道筋をつけたわけです。

## 火を使うから火をつくるへ——ホモ・エレクトゥス

跳梁跋扈《ちょうりょうばっこ》する大型動物に比べると小さくて弱い生き物にすぎなかった人類が地球の生態系の頂点に立つことができるようになったその鍵は、「火」との出合いでした。

道具を使うようになってからさらに約八〇万年〜一〇〇万年が経った約一五〇万年前、人類は火を使いはじめます。さらに、そこから一〇〇万年経った約二〇万年〜四〇万年前、火をつくる(火をおこす)ことができるようなって人類は生態系の頂点へと上り詰めました。ここからは、想像力を働かせながらその過程をまとめることにします。

## 火を使う

もし、火を使うことがなかったら、人類の進化はあり得なかったでしょうし、その存続さえ危うかったのではないかと思われます。一〇〇万年ほど前の地球は、地核のマグマもまだ不安定で流動的であり、火山活動も活発でした。無気味な地鳴りとともに吹き上がる噴煙、流れ出す溶岩は野山を焼き払い、火山から立ち上る炎によって焦がされた天空からは大量の雨が降り注ぎ、時には大洪水や干天の日照りなどという自然の厳しい営みが何千回、何万回と繰り返されてきたことでしょう。また、周期的に訪れる氷河期では、地球全体が凍り付くほどの寒さに包まれました。

突然、襲いかかってくる天変地異は、地球上のすべての動物を恐怖に陥れ、人類も自然の猛威になす術《すべ》もなく、怒り狂う天と地に身を任せるほかありませんでした。怒り狂ったような自然の営みに恐れおののくだけの人類が生き延びるための手段は、ほかの動物と同じく火から逃げ回り、天を裂く稲妻の前に身を屈めるか、深い洞窟の奥に身を隠すこと以外になかったでしょう。なめるように焼きつくす業火《ごうか》からの災厄は、近づきさえしなければ避けることができます。洞窟の奥に身を潜めて、炎や雷はいつか去っていくと信じて待つしかなかったのです。

しかし、人類の生命を脅かすのは、容赦ない大自然の異変だけではありません。生きていくために狩猟の対象としていた動物たちも生命を脅かす存在でした。なかでも肉食獣は、飢えを満たすために人類も捕食対象とし、昼夜に関係なく襲いかかってくるという危険な存在でした。それらから身を守ろうにも、棒きれを加工した槍などといった粗末な武器では太刀打ちができず、隠れるか逃げるしかありませんでした。ところが、恐らくいくつかの偶然が重なって、大型の肉食動物から身を守る方法を発見したのです。

その偶然とは、紅蓮の炎が放つ熱と強烈な光を恐れて、狂ったように逃げまどう肉食獣の姿を目撃したことです。同じように火を恐れ、火を避けてきた人類ですが、火から動物たちが逃げる様子を見て、逃げるのではなく、恐怖を乗り越えて自ら火に近づくという「逆転の発想」に立ったのです。

火の恐怖を克服したとされるホモ・エレクトゥスが取った行動は、襲いかかる肉食獣に火が燃え盛る木を投げつけることでした。肉食獣が火に怯えて逃げ去ったことで、恐怖の的であった火を人類は味方につけることを学習したのです。住みかとしていた洞窟などの周りに火を絶やさなければ肉食獣は近づいてきません。夜でも安心して寝られることに気付くまで、それほどの時間はかからなかったでしょう。

もっとも恐れていた火によって身の安全を確保することができるという知恵は、人から人へと伝播していき、人類による火の使用が広まっていったと考えられます。もちろん、火を使うことによってもたらされたのは安全、安心だけではありません。「ぬくもり」と「明かり」とともに、狩りで捕獲した動物の肉を焼いたり、煮たりするなど利用の幅が広がっていきます。何よりも、寒い季節においては、ほかの動物のように厚い体毛をもたない人類にとっては、赤く燃え盛る炎の放つぬくもりは何物にも代え難いものとなっていきました。

これが、火の使用のはじまりとされる一〇〇万～一五〇万年前のことです。

## 火をつくる

火を制した人類は、いよいよ本格的に地球の支配者としての途を歩みはじめることになります。そして、次の一歩となったのが「火をつくる」ことでした。とはいえ、それまでにはさらに多くの時間を必要としました。

火が消えてしまうと途端に人類は無防備な動物になってしまうので、火を保つためには燃料である木を絶やすことができません。洞窟内なら熾火《おきび》もできますが、屋外では、雨に降られたり強い風が吹くなどして火が消えてしまったらもうお手上げです。また、狩りのために遠出をして野宿を余儀なくされたときや、やむを得ず夜道を移動しなければならなくなったときなどに火がなければ、人類は無力で小さな動物でしかありません。

必要なときに、いつでも、どんな局面でも火を絶やさず、時には持ち歩けるようにするためには火をコントロールする必要があります。火を使い出してから約五〇～一〇〇万年ほど経った二〇～四〇万年前、人類は火をおこし、火を保ち、火を持ち歩くことができるようになりました。

「火をつくる」という行為の第一ステップは、火をおこすことです。そのヒントが何であったのかについてはさまざまなことが考えられます。もっとも有力な説となっているのが自然現象です。現代でも、アメリカのカリフォルニア州などで頻繁に発生している山火事の原因の一つとして挙げられているのが、強風によって倒れた木がほかの木とこすり合わさった際の摩擦で自然発火するという現象です。

この自然現象を何度も目撃した人類が、乾いた木と木をこすり合わせれば火がおこせるのではないかと思い付いたのでしょう。そして、根気よく何度も木と木をこすり合わせ、ついに「火をおこす」という発明に至ったと考えられます。

いつでも火をおこすことができたら、火を手入れたのも同然です。雨や風で火が消されてもすぐに火をおこすことができますし、火おこしの道具を携行していけば、狩りなどで遠出したときや夜道を歩くときも安心ですし、行動範囲が広くなります。

## 生態系の頂点へ

人類とほかの動物とを区別する一つの目安としてしばしば使われてきたのが「道具を使うか使わないか」でした。近年の研究では、人類以外にも道具を使う動物が多く確認されています。細い枝を器用に使って蟻や蜂蜜をほじくり出すチンパンジーやクマ、固い殻に覆われた木の実を割るために走行する自動車の前にそれを投げ出すカラス、平たい石の上にカニを置いて手にした丸石で甲羅を潰すサルなど、巧みに道具を使いこなしている動物の報告はいくつもあります。一方、「火を使うか使わないか」で区別した場合は、人類以外の動物では確認されていません。

闇夜を明るく照らす火、火が放つぬくもりを享受することを覚えた人類は、やがて狩りで得た獲物を火で焼いて本格的に調理するようになります。これも、最初は山火事などで逃げ遅れ、焼け死んだ動物の肉を偶然食べたことがきっかけだったかもしれませんが、生《なま》で食べることの危険性を本能的に察知していたとも考えられます。焼くことで、安全なだけではなく美味しく食べられることを学んでいったことも、火を制したことによってもたらされた成果と言えます。

火に関しては、もう一つ大きな発明があります。

土をこねて形を整え、日干しによって固めただけの粗末な土器は水を入れたら崩れてしまうので、使い勝手がよくありませんでした。ところが、火のそばなどで使っているうちに、表面が自然と焼き締められて丈夫になるということに気付いたか、たまたま火の上に直接乗せたところ、割れにくく、水を溜めても漏れにくいということを学習したと推測することができます。

いずれにせよ、このようなきっかけから「野焼き土器」がつくられるようになったと考えられます。火を使い、火をつくることによって火と土を結び付ける技《わざ》も手に入れ、人類は進歩を遂げていくことになります。

## 移動する人類――ホモ・サピエンス後

地球は繰り返し氷河期や温暖期などといった気候変動に見舞われています。冷害や干ばつなどの自然現象によって食物連鎖が崩壊し、マンモスなどの大型動物が飢餓によって滅んだとされていますが、厳しい寒冷期をしのぎ、命をつなぐことができたのも、ひとえに人類が火を使い、火をつくることができたからです。

猿人の段階では、火山の噴火や氷河期の厳しい環境変化に対応できず、さらに食料不足が原因とされる飢餓などによってほとんどが滅亡するという運命を辿っています。その後、道具をつくるホモ・ハビリス、火を使用したホモ・エレクトゥスへと変遷し、過酷な環境のなかにおけるサバイバル生活を経て、アフリカの大地でそれぞれ進化を遂げていくことになります。それが、三〇万年前頃の「ホモ・ネアンデルタール」と、二〇万年前頃とされる「ホモ・サピエンス」です。

彼らの特徴は、体毛がほとんどなく、獣や植物でつくった衣服をまとい、現在の人類と体型がほとんど変わらないことです。どちらかと言えば、ホモ・ネアンデルタールのほうが大きく、力も強かったようです。一方のホモ・サピエンスは、体力の弱さを補うだけの高い知能を備えていたとされており、環境への対応力も優れ、さまざまな道具をつくる能力や応用力が高かったと言われています。

ホモ・ネアンデルタールとホモ・サピエンスとも、七万年前頃から移動を開始しています。まず、東を目指し、現在のトルコ周辺でホモ・ネアンデルタールはヨーロッパ大陸へ、ホモ・サピエンスはユーラシア大陸へと踏み出していきます。それぞれが共存していたという説もありますが、一般的には、両者は別の方向を目指したとされています。推量ですが、強靱な身体をもつホモ・ネアンデルタールに対して、体力的にかなわないと考えたホモ・サピエンスが争いを避けたのでしょう。その後、今から三万年ほど前にホモ・ネアンデルタールは絶滅しています。氷河期による食料不足が絶滅の原因とされていますが、環境変化への対応力が低かったことがもう一つの理由として考えられています。

さて、ユーラシア大陸を目指したホモ・サピエンスはさらに東へ向かい、そして北上し、現在のアラスカから北米大陸へ渡り、そのまま南下を続けて、やがて南アメリカ大陸の最南端まで達します。のちに「グレートジャーニー」と呼ばれるようになった四万年をかけたこの壮大な旅が、豊富な食料を得るためという動物の本能的な移動であったのか、それとも食料の奪い合いに負けたグループがほかの土地を目指しただけなのか、いまだにその謎は解明されていません。言えることは、気候変動、外敵、環境の変化に適応しながら、生き延びるためにひたすら旅を続けたということです。

ホモ・ネアンデルタールが絶滅したあとのホモ・サピエンスは、その時点で五〇〇〇人とも一万人とも推定されています。二〇万年後の現在、その数は七六億人を超えるまでになりました。

## 原始共同社会の成り立ち

どのような動物でも、群れをなして行動するのは、種を保存するための本能だと考えられています。もちろん、人類も同じです。火使うことと火をつくることによって安全と安心を確保できるようになった人類は、やがて野生動物を追い求めて移動を続けるといった狩猟生活から、自生する木の実や芋《いも》などの根菜類を採取するといった定住の途を選びはじめます。これも、移動に伴う危険と不安定な生活から抜け出し、子孫を残すという本能の芽生えによるものだったのかもしれません。

豊富な木の実が繁茂し、稲や麦の原種が生い茂っている土地を定住の地として選んだ人類は、毎年実る木の実や穀物類から種を採取しては保存し、翌年、耕した土地にその種をまいて育てるという農耕時代へと進んでいきます。

農耕の発祥には諸説あります。主食に関しては稲、麦、芋類などと地域によって大きな違いがありますが、移動生活から定住生活への転換に農耕が大きな鍵を握っていたことだけは間違いないでしょう。そのはじまりは、およそ一万年～一万三〇〇〇年前とされています。初期のころは、種からの生育に試行錯誤し、天候や気温の変化もあって失敗を繰り返すなど、収穫量は決して満足できるものではなかったでしょう。

数少ない成功体験の積み重ねによって、ようやく安定的に収穫ができるようになると、耕作面積を広げて増産を目指すようになります。増産によって余った食糧は、備蓄することで、天候異変による生育不全や大量に発生した昆虫などの食害による凶作や不作に備えることができます。また、穀物類などについては、突然変異にも助けられて新しい品種を手に入れることができたと思われます。とはいえ、自然相手の食糧生産には失敗がつきもので、土地を捨てて新天地を求めざるを得なくなるなど、定住の試みは苦難の連続であったと想像することができます。それでも定住を求めたのは、家族を増やすことができるほか、集団による共同生活が「暮らしの安定」につながると学んだからでしょう。

## 動物性タンパク質を手に入れるために

穀物類などが安定的に生産できるようになると、動物性タンパク質を常時手に入れるための手段が次の課題となりました。もちろん、この当時、動物性タンパク質が人類の生活に重要であるという知識はありません。穀物を育てるには、言うまでもなく時間がかかります。そのため、これまでと同じく、狩猟によって手っ取り早く獲物を手に入れていたと思われます。

ただし、穀物類とは異なり、動物は近くに都合よく存在しているわけではありません。狩猟は主に男たちの仕事で、彼らは手製の弓矢や槍を持って動物を追い求め、時には森や草原を何日も移動したことでしょう。言うまでもなく、それは命がけの仕事であり、体力を必要とするため、一人でやるよりも大人数のほうが成果は上がります。

しかし、共同生活によって集団の人数が増えてくれば養うべき口の数も当然ながら増えるので、捕獲する獲物の量を増やさざるをえなくなります。とはいえ、獲物は移動をしますので、農耕のように量を安定的に確保することは容易ではありません。それに、田畑の仕事もあり、男たちが狩猟に出掛けられる時間はかぎられています。

そこではじめられたのが、その日に食べる分を狩猟するのではなく、罠などで生きたまま捕獲し、檻や囲いを造って、その中で野生の牛や馬、イノシシ、ウサギなどを育てて子どもを産ませるという畜産でした。畜産が本格化したのは、一万年前にはじまった農耕よりも少しあとの八〇〇〇年前とされていますので、農耕と畜産の開始時期にそれほど大きな差はありません。

一方、住居のほうはどうだったのでしょうか。狩猟から農耕へ、移動から定住へと生活環境が変わっても、火山の噴火、地震、豪雨や強風などといった自然の脅威が収まったわけではありません。自然の脅威から身を守るためには、頑丈な洞窟での生活のほうが安全です。しかし、農耕生活を営むには、河川などが近くにある平地のほうが何かと便利です。ましてや人数が多くなると、洞窟などの狭い空間での共同生活では人間同士のトラブルが避けられないなど、さまざまな不都合が生じます。

そこで、集落の場所を平地に求めるようになりました。集落の周囲には、大雨が降っても水が流れ込まないように深い堀を巡らしたり、天敵である猛獣などの進入を防ぐために幾重もの頑丈な柵を設け、その中に、大きな植物の葉や木の枝などで屋根を葺いた住まいを配置するようになりました。共同生活であれば、小人数ではできない大きな土木工事も可能ですし、天敵などに進入されても、大人数で押し返すことができます。共同生活がもたらす優位性が集落全体の共通認識になることによって毎日の生活が充実し、次第に安定感を増していくことになります。

安定を得た集落では、子どもが生まれて成長することで新しい家族が増え、その家族にも子どもが生まれます。年月を経るにしたがって集落の規模が着実に膨らんでいき、食糧増産がそれまで以上に重要な課題になっていきました。

## 労力としての人力と家畜力

言うまでもなく、生産性が低かった時代ですから、生活基盤を支える主食である穀物類などの増産には広い農地が必要となります。土地の開墾に伴う最優先の条件といえば、まずは水利です。そして二つ目が、土地の開墾と実った穀物類を収穫するための労働力です。

水利については、川の近くの平地であれば田畑に水引くことができますが、大雨で川が増水すれば田畑が流失するという危険があります。それでは高台に開墾すればいい、となるわけですが、そうなると川の上流部から水を引くための水路を造るという必要が出てきます。さらに、農作業以外に畜産がはじまっていたので、広い牧草地を確保し、外敵から家畜を守るための柵造りや見張りといった仕事もあります。

もし、冷害や干ばつ、病虫害で凶作になれば、集落は飢えに襲われて消滅の危機に直面します。いざというときのために、食糧や種籾《たねもみ》などが保存できる穀物蔵を建造し、きちんと管理するという備えも重要となります。また、田畑や住居用の土地が足りなくなれば、未開の森を拓き、荒れ地を開墾しなければなりません。森の大木を伐り倒し、荒れ地に残された大きな岩や地中深く張った木々の根を取り除くにはかなりの時間がかかりますのでなかなか捗りません。

このように、集落が大きくなればなるほど仕事の種類だけでなく量のほうも増え続け、人力ではとても追いつかないという状況になっていきました。そこで、人力に代わる労力として目をつけたのが、家畜として育てていた牛や馬でした。

牛や馬が仕事をする力は、人間一人に比べると何十倍も大きく、開墾地に残された根っこの引き抜きや大きな石を取り除くといった作業も容易になります。広い田畑を耕すときも、牛馬に鋤を引かせることで作業時間は大幅に短縮することができます。

農業用水が安定的に供給されるようになり、土地の開墾による食糧の増産、そして収穫した穀物などを備蓄する倉庫などが整ったときに共同生活の基盤がほぼできあがり、集落の人数が増えるに従って多様な個性や能力のもち主が登場するようになります。農作物や家畜の育て方に長けた者、鋤や鍬などを器用につくる者、力自慢の者、狩りが得意な者、力はないけれど共同生活をまとめることに能力を発揮する者など、人それぞれに得意なことがあると分かりはじめ、次第にその個性や能力によって仕事を分担するようになっていきます。その結果、今で言うところの分業化が進み、職業が形づくられていきました。

また、食物などの増産に成功した集落では、ほかの集落との間で物々交換をするようにもなりました。その物資の運搬を請け負う者、さらには、その荷物を運ぶための荷車づくりを引き受けるといった新たな職業も生まれてきます。集落でつくられた農具や、狩りのための道具なども物々交換されたことでしょう。

これらの行為が集落から集落へと伝播し、やがて収穫した穀物やつくった道具などを持ち寄って取り引きするといった場所が生まれて「市場」となり、「商い」が行われ、「富」という新しい概念の誕生につながっていったことは、その後の歴史が示しているとおりです。

## 自然力の活用――人類約七〇〇万年の歴史

### 太陽と地球生物のつながり

前節まで、人類の足跡をざっと辿ってきました。ここからは、「約七〇〇万年、自然が与えてくれた力だけで生きてきた人類」という本章の表題について触れていくことにします。

現在では当たり前のように使われている「エネルギー」という言葉ですが、その概念が生まれたのは一九世紀の初頭です。もちろん、太古の昔からエネルギーは存在しており、人類はそれに気付くことなく生活に取り入れてきました。人類がエネルギーとどのようにかかわってきたのか、まずはその「はじまり」から探っていきます。

文章中における表記についてですが、エネルギーという概念が生まれるまでは、自然が与えてくれた力を短縮して「自然力」という言葉で統一していきます。前節で述べたように、人類は誕生してから、火を使い、火をつくり、移動し、定住し、集落をつくり、狩猟時代から農耕時代へと暮らしの形を変えてきました。ここまで人類の暮らしを支えてきた力、それは一〇〇パーセント自然力です。

自然力の根源は何かというと、それは太陽です。地球上のあらゆる森羅万象は太陽に由来しています。太陽光による光合成で植物が育ち、その植物を摂取することで地球上のすべての動物や昆虫が生命を維持しています。言い換えるならば、太陽がなかったら地球上のすべての生き物は生命を維持することができませんし、存在すらないということです。

六五〇〇万年前、地球に巨大な隕石が衝突し、その衝撃で舞い上がった砂塵などによって太陽光が遮られたために地表の植物が育たなくなったことが理由で約二億年にわたって続いた恐竜時代が終わったことはすでに述べました。この事実こそが、太陽のもたらしてくれる自然力の証しそのものです。

地球上のすべての動物に共通していることは、口から食べ物を摂取し、生命を維持することです。もちろん人類も、野生の動植物を採集・狩猟することからはじめ、穀物、野菜、家畜を育て、それらを食物とすることで生命を維持し、知恵を駆使して道具をつくり、さらに土地を耕して作物を育て、収穫するという力仕事を行ってきました。その力を生み出す原動力となったあらゆる食糧も、すべて太陽という自然力によって育てられたものです。

また、明かりや暖を得るため、煮炊きに使う薪、集落に建てた住まいの柱や屋根に葺く材料も、すべて自然力が育てた木々や葉でした。ですから、太陽に育まれた植物や動物を採取し、それを食物としてきた人類は「自然力の塊」そのものと言えます。

## 水の力と風の力

地球上のあらゆる生命の根源としてだけでなく、発する光と熱で太陽は、季節の変化とともに風や雨、雪などといった自然現象をもたらしています。太陽光がまったく届かない闇の世界では、こうした現象は起きません。

人類にとって雨は、穀物や野菜を育てるうえにおいてはなくてはならない恵みです。そのため、田畑に適した土地は水利のよいところを選ぶわけですが、そういう条件が満たされず、高台に田畑を開墾せざるを得ない場合もあります。灌漑技術が十分でない時代ですから、水のある場所から田畑まで水を汲み上げるのは人力と家畜力頼りになります。

そこに登場したのが、水と風の力を活用した水車と風車です。時代としては、約二〇〇〇年から三〇〇〇年前と言われています。太陽がもたらしてくれた自然力を人や家畜の代わりに利用するという、人類の大発明の一つです。

流れる水の力で水車を回し、水車につけた容器で水をくみ上げて田畑に送ります。また、風の力で風車を回して、水車と同じように水をくみ上げ、田畑を潤します。水車も風車も、単に水をくみ上げるだけではなく、杵《きね》を上下に動かして精米するほか、臼《うす》を回して穀物類を粉にするといった作業にも使うようになっていきます。人間や家畜の力だけでは手間と時間ばかりがかかって

福岡県朝倉市にある「三連水車」(2016年7月日撮影)。2017年7月の九州北部豪雨で被災したが、1か月後に復旧した

いた作業が、自然力に任せるようになってからは格段と能率がよくなりました。

## より遠くへ、より速く

風の力は、より遠くへ、より速く移動する手段としても早くから目をつけられ、利用されてきました。風の力を推進力に利用したのは舟です。帆船といえばローマ時代の軍船をイメージしますが、はじまりは太い木の幹を削ってつくった丸木舟に、木の皮や葉っぱを編んで帆とした粗末なものだったでしょう。風がないときには人が櫂《かい》を漕ぎ、風が吹くと帆を立てるといった補助的な使い方であったと思われます。

大勢の奴隷が櫂を漕ぐという人力依存から風の力を利用した帆船に変わったのは、今から四〇〇〇年ほど前の紀元前二〇〇〇年頃とされています。モノや人が大海原を自由に往き来する大航海時代がはじまったのが約六〇〇年前ですから、帆船が交易用として活用されるようになるまでにはかなりの時間がかかったことになります。

このように、誕生から七〇〇万年の間、人類はある時期になるまでは自然力だけを頼りにして生きてきました。その「ある時期」とは、今から約二五〇年前にはじまった産業革命です。それは同時に、地球環境問題のはじまりともなりました。

地球誕生から人類誕生、そして自然力だけで人類が生きてきた七〇〇万年に対して、今日起きている地球の環境問題がはじまったのは、わずか二五〇年前のことなのです。ですから、地球を危機に追い込んでいる環境問題は、まだ「歴史」とも言えないほど短期間に起きていることになります。筆者が本書を著そうと思い立ったのは、遅ればせながらこの事実に気付き、率直にショックを受けたからです。

# 第3章

# 産業革命からわずか二五〇年間で迎えた豊かさの終わりのはじまり

「もしあなたが将来一国の指導者になるなら、エネルギーがどういうものかを理解していなければなりません」
（カリフォルニア大学バークレー校物理学教授・リチャード・ムラー『エネルギー問題入門』二階堂行彦訳、楽工社、二〇一四年、七ページ）

## 産業革命は、自然力から資源力へ転換したエネルギー革命だった

産業革命が起きたのは、約二五〇年前の一八世紀の後半です。その後、人類は技術革新を何度も重ね、豊かさという「甘い蜜」を吸い続けてきました。ある意味、七〇〇万年という長い歴史から考えれば、人類にとっては「栄華の二五〇年」であったと言えるかもしれません。

しかし、その栄華を享受してきたことの代償として人類が手にしたのは、現在の地球環境問題です。その起源となった「産業革命」について振り返ってみます。

### 産業革命がもたらしたもの

地球の環境問題をめぐってもっともホットなテーマとなっている温暖化を語るとき、「産業革命以前」と「産業革命以後」という言葉が一つの目安となって使われてきました。産業革命が人類と地球にもたらしたものとは、どのようなものだったのでしょうか。改めて、環境問題という視点から整理してみます。

一七五〇年から一七八〇年頃にイギリスで起きた産業革命を短くまとめれば、「手づくりの家内工業が機械化されて工場生産になった」ことであり、人間の手仕事によって行われた少品種、

少量生産から、機械による多品種、大量生産へ移行した転換点だったと言えます。

当時の産業において、もっとも盛んだったのが綿織物の生産でした。もちろん、農業をはじめとして鉄や陶磁器などといったさまざまな産業があったわけですが、需要の多かったのが綿や絹といった布地でした。しかし、一台の織機に一人の織工がついてカタカタと手作業で織っていたため、自ずと生産量には限界がありました。さらに、技術力や練度によって、できあがるまでに時間差があるほか、織り上がった布の品質にもばらつきが生じるなど、生産性の向上と出来栄えという二つの課題を抱えていました。

また、高まる需要に生産が追いつかないために布地の価格が高くなり、所得の低い庶民にはなかなか行きわたらないという不都合も生じていました。織物企業にとっては、増える需要を満たすことができれば大きな利益を手にすることになりますので、品質のよい布地を大量に生産することが業界全体にとっては最優先の命題となっていました。

人のやることを機械に任せることはできないか——この発想から生まれたのが産業革命です。まさに、必要は発明の母でした。

綿や絹の生地を織る織工の基本動作は規則的なので、その動作を機械に置き換えることはそれほど難しくありません。問題となったのは、織工に代わる動力をいかに調達するかでした。初期の動力として選ばれたのが水車でした。産業革命の入り口段階では、太陽が生み出した「水」という自然力に頼ることにしたわけです。

織工一人が一台の織り機を操作していたときからすると、水車の回転力によって織り機を動かすことで生産効率は何倍にも高まりました。しかも水車の場合は、昼夜に関係なく、休むことなく動力を提供するという点で人力より勝っていました。これが、人から機械へ、少量生産から大量生産へと、それまでの常識を覆すパラダイムシフトとなったわけです。

工場に設置された多数の織り機のおかげで、作業時間が短縮されるとともに品質を均一に保つことができるようになりました。一台に一人の織工ではなく、一人で多数の織り機を管理することができるので、一枚の布を織り上げるためにかかっていた人件費も大幅に節約することができます。そして、機械化による大量生産で布地の価格が下がると、それまでは手が届かなかった低所得層の需要も増えはじめ、さらに増産の必要に迫られることになりました。

生産量を増やすためには動力である水車の回転力を高める必要がありますが、壁になったのが水力の限界でした。水は自然任せですから、雨季乾季など季節によって降雨量に差があるなど、得られる水量の多寡によって生産量が変わってきます。その水を安定的に確保するためには、水が引きやすいところに工場を建設しなければなりません。そこで、水に代わって、いつでも、どこでも、安定して、さらに強い動力を得ることができないかという解決策が考えられるようになりました。

## 蒸気機関の登場

水車に代わる動力の救世主として登場したのが蒸気機関です。一七世紀の半ばから研究がはじまった蒸気機関が、イギリスのエンジニア、ジェームス・ワット（James Watt, 1736～1819）によって開発されたのは一七六九年のことです。

蒸気の力でピストンを上下に動かし、その力を回転力に変換して織り機を動かすという方法は、水車が生み出す力とは比較にならないほど強力なものでした。季節や気象などといった自然条件に左右されやすい水力に比べると、熱源さえ確保することができれば、蒸気機関はいつでも動力を安定的に供給することができます。

蒸気機関の登場によって、大量生産された布地の価格がさらに安くなりました。それが大量消費につながり、織物産業はイギリスだけでなく、ヨーロッパ全土にまで拡がっていくことになります。織物産業からはじまった産業革命は、蒸気機関の登場によってエネルギー革命の扉を開くことになったのです。

## 初期の蒸気機関の燃料として使われたのは自然力

蒸気機関が開発された初期のころに使われていた燃料は、イギリスの山野に繁茂していた木を伐採した薪でした。イギリスは、平地や山に木々が豊富に茂っており、とくに貴族の屋敷周りには森が多く点在するという緑豊かな国でした。そこから木を切り出せば、薪はいくらでも手に入ります。しかも、伐採したあとに植林して育てれば再び燃料として使える再生可能ですし、二酸化炭素の排出量と吸収量がプラスマイナスゼロになるカーボンフリーな資源です。

しかし、薪にも避けることのできないいくつかの問題点が浮上してくることになります。一つは、燃焼によって得られる熱量が低いことでした。蒸気機関が力強い動力を生み出すうえにおいて欠かせないのが蒸気の温度です。燃料の熱量が高ければ高いほど高い温度の蒸気を維持することができるわけですが、薪は熱量が低いので、どんなに燃やしても一定の温度以上にはなりません。そのための解決策として選ばれたのが、薪を熱量の高い木炭に加工することでした。

実は、薪にはもう一つ大きな弱点がありました。それは、木々が育つのに一定の時間を必要とすることです。前述したように、伐採されたあとに植林をするわけですが、薪として使えるまでに早くて五年、長ければ一〇年近くもかかります。このように、原料となる木材の安定確保が次の課題として浮上してくることになります。

蒸気機関の導入が急速に進むと、当然、木炭の需要もそれにつれて増えていきます。木の伐採量もどんどん増え続け、ついにはイギリス各地で森が消え、山は丸坊主となり、緑豊かだった大地は荒れ野へと姿を変えていきました。その結果、保水力を失った山では、少しの雨が降っただけで土砂崩れが発生し、農業や牧畜業を脅かすだけでなく、動物たちが住みかとしている森を失うといった事態が各地で起きはじめたのです。森林消失による自然破壊に対して、反対運動の声が各地で高まりはじめました。

一方、織物産業はイギリス経済を支え、拡大することはあっても縮小することが許されない段階まで進んでいました。安い布地の需要は右肩上がりを続け、品質や価格の競争も激しさを増していきます。旺盛な需要を満たすために、織物工場は拡大路線を突き進むしかありませんでした。すでに蒸気機関はあらゆる産業の動力として導入されていましたから、木炭生産のために山という山はもちろんのこと、平地でも大量の木々が伐採され、自然環境は荒廃の一途を辿っていくことになります。

## 木炭から石炭へ――自然力から資源力へ

「燃える黒い石」と言われた石炭と人類の付き合いがはじまったのは、紀元前三〇〇年頃になります。燃える石の存在に人類が気付いたのは、地表に露出している石炭が何らかの理由で発火して、燃えている様子を見たのが最初であろうと推測することができます。

露出している石炭は、先の鋭い鉄器などで叩けばボロボロと崩れるので手に入りやすく、産業革命以前から、イギリスでは主に冬の暖房や煮炊きするためのストーブ、暖炉などの燃料として利用されていました。ただし、伐採すれば薪としてすぐに使える木々の簡便さに比べると、質にばらつき《ヽヽヽヽ》があり、とくに質の悪い石炭は燃焼時に強い臭いや黒煙が発生するといった欠点がありました。さらに、薪に比べると重量があり、産炭地から遠くまで運ぶのに手間がかかるといった点でも扱いにくいものでした。そのため、石炭が産出される地域周辺を除いて、一般的な燃料としては普及していませんでした。

使い勝手に問題があるとはいえ、木々の伐採による山野の荒廃、それに伴う土砂崩れなどといった自然破壊に対する批判の声が高まるにつれて、費用対効果などの面で渋っていた織物工場も薪の代替燃料として石炭を利用せざるを得なくなっていきます。そして、いざ使いはじめると、石炭は木炭に比べて熱量が三〜四倍もあり、蒸気機関の運転効率が飛躍的に向上することが分かってきました。さらに、掘り出しさえすれば無尽蔵に手に入ると当時は信じられていたこともあって、蒸気機関の燃料の主役であった木炭は石炭にその座を譲ることになりました。

エネルギー革命は、歴史的には一次から三次まであって、人類の火の発見（火を使う、火をつくる）が「第一次エネルギー革命」とされ、「第二次」は石炭から石油への転換、そして電気と石油を活用するようになったのが「第三次」であると一般的に言われてきましたが、産業革命が進行するなかで起きた、「木（薪と木炭）という自然力」から「石炭という資源力」に転換したときを「第二次エネルギー革命」として、エネルギー革命は四次まであったとすべきではないかと私は思っています。

石炭への転換によって、産業革命はいよいよ本格的な段階に入ります。同時に、人類が「自然力」だけで生きてきた約七〇〇万年の歴史に終止符を打ち、「資源力」に依存するというシフト変更を遂げたこのプロセスは、その後のエネルギー史を決定づけた瞬間となりました。本書では、産業革命によるエネルギー革命を境に、自然力については「自然エネルギー」、資源力については「資源エネルギー」という用語で表記していくことにします。

## 人類初の大量廃棄物、それは煙突からの排煙

産業革命によって起きた産業と経済の変遷が、その後の社会環境や生活面にどのような影響をもたらしたかについて見ていきます。

産業革命の前後にさまざまな変化が起きたわけですが、そのなかでも特筆すべきことは、工場などが次々と建設されたことで労働力需要が高まり、地方の農家から工場のあるロンドン周辺などへ大量の人間が移動したことです。労働力需要の高まりは、産業革命当時のイギリスやヨーロッパだけではなく、現代でもインドなどのように人口移動の大きな要因となっています。

賃金労働者の集まるところでは、例外なく新しい消費生活がはじまります。宿屋や住宅、食料品や日用雑貨を扱う店、病院や学校、労働者を対象にした食堂や居酒屋、風俗店、貨物や人を馬車で運ぶ運送業者など職業の多様化が進み、働き方に変化をもたらすとともに、持てる者と持た

ざる者という格差社会が根を下ろしていくことになります。そして、労働者層の旺盛な消費力によって、大量生産、大量消費、大量廃棄という、人類がこれまで経験したことのない「負の構造」が萌芽し、現代まで拡大しながら続くことになります。

前章でも触れましたが、農作物を大量に生産できるようになると富の偏在が起きたように、織物工場などの経営者は莫大な利益を得るようになります。また、儲かる事業には銀行や投資家からの資金が潤沢に提供されることで富の循環が生まれ、ここを起点として「資本主義」という新しい経済体制への道筋が長くかつ広く延びていくことになります。

産業革命直後は、まだモノを大切に使い切っており、大量廃棄が問題になるのは二〇世紀も半ば頃になってからですが、廃棄物の問題は産業革命の時点ですでにはじまっていました。産業革命で発生した廃棄物とは、蒸気機関に熱を供給していた石炭の燃焼によって発生した「黒い煙」でした。

## 黒い煙のまちロンドン

当時、ロンドン一帯は、多種多様な工場が建設され、「世界の工場」とも言われた一大工場地帯となっていました。それぞれの工場では、蒸気機関を動かすために大量の石炭が燃やされ、さらに労働者が住む家々でも暖房と調理のために石炭が使われていましたので、煙突から排出される二酸化炭素と亜硫酸ガスを含む黒煙によってロンドンの空は灰色に染められました。このような情景でも、産業革命の初期には豊かさの象徴として受け入れられていたようで、ロンドン名物の霧に煤煙が付着し、それが道路や建物の壁面を汚すという重苦しく淀んだ街の風景を「ロマンチック」などと、憧れの対象になっていたのです。

やがて、煤《すす》で汚れた灰色の空気がロンドン市民の健康をむしばみはじめます。一八〇〇年代に入ると、この排煙による健康被害は深刻の度を深め、一八五〇年から一九五〇年代までの約一〇〇年間、一〇回もスモッグ被害に襲われ、ロンドン市民は喘息などといった呼吸器系の病気で苦しみ続けました。

このロンドン・スモッグこそが、大量生産、大量消費の副産物として人類が初めて体験することになった大量廃棄物であり、「産業活動によって地域住民などが受ける健康被害」として一九六〇年代に定義された「公害」の原点となりました。ちなみに、一九五二年に発生したスモッグを原因とする呼吸器系の疾患でロンドン市民の約一万人が死亡しています。これが契機となって、イギリスで「大気浄化法」が公布（一九五四年、一九六八年）されました。

産業革命が最盛期を迎えたころ、ロンドン・スモッグを経験した日本人がいます。一九〇〇年に国費でイギリス留学をした夏目漱石（一八六七～一九一六）です。一八九九年から一九一六年まで書き記した『漱石日記』の「明治三四年一月四日」には、次のような記述があります。

一月四日（金）倫敦の町を散歩して試みに痰《たん》を吐きて見よ。真黒なる塊《かたま》りの出るに驚くべし。何百万の市民はこの煤烟《ばいえん》とこの塵埃《じんあい》を吸収して毎日彼らの肺臓を染めつつあるなり。我ながら鼻をかみ痰をするときは気のひけるほど気味悪きなり。

（『漱石日記』平岡敏夫編、岩波文庫、一九九〇年、二六ページ）

文明の進歩に懐疑的だったと言われている漱石が、明治の文明開化で西欧に追いつけ追い越せの気運が高まるなか、当時最先端都市であったロンドンで目撃した文明の闇の部分を鋭く喝破《かっぱ》しているこの記述は、のちに起こる大気汚染などの公害を予見していたかのように思えます。

また、江戸時代の中期から明治時代にかけて日本を訪れた外国人宣教師や企業家、江戸幕府や明治政府に招聘された軍事顧問や産業・教育の指導者が口を揃えて「日本は美しい国である」と評していたことを見聞きすると、空が煤煙で黒ずみ、道路や建物の壁面がどす黒く汚れているイギリスなどの欧州列国に比べると、自然エネルギーだけで社会生活が営まれていた日本の美しさに彼らが心を奪われたことにも合点がいきます。

## 農業から工業へ、環境から経済へ

産業革命は産業の軸足を農業から工業に移す転換点となったわけですが、その後に起きたさまざまな公害の発生原因ともなっています。農業は自然環境に影響を受けやすい産業なので、農業従事者は常に自然環境に心を配り、自然の変化に対応しながら農作物を育ててきました。ですから、自然環境が破壊されたり汚染されると、農業の存在そのものが危機にさらされることを知っていました。農業従事者は、自然を内なる必須条件として考えていたわけです。

一方、工業は自然の影響を受けにくい産業です。そのため、自然環境を産業活動の内なる条件としなくても成り立ちます。このような考え方が自然環境を軽視する方向に傾かせ、公害の発生を誘発することにつながったと言えます。また、公害が発生しても、その対策のために経費をかけることを多くの企業が躊躇したこともあり、発生の抑制および防止が後手に回るという状況が常態化しました。

工業化が進んだ先進国では、「自然か経済か」という議論が早くから起きていました。しかし、ほとんどの国が競うように経済発展と生活に豊かさをもたらす工業振興へと舵を切り、自然環境への配慮が常に後回しになってきたのです。人命にかかわるような環境汚染が進行していても黙認され、それが次第に社会問題化していき、時には大企業や国を相手に住民が反対運動を起こし、しばしば暴動に発展するといったケースも珍しいことではありませんでした。

それでも、経済発展を最大の命題としていた国々は、公害対策を強化すると経済が停滞しかねないとして対策には消極的で、公害による被害者に対しては「金銭補償などで解決することが当たり前」となっていました。産業革命以降、より大きな富を蓄えることばかりに邁進し、環境破壊、健康被害への対策は、常に二の次、三の次にされてきたわけです。

## エネルギーの大量消費、そして浪費時代へ――自動車がもたらしたもの

人類が蒸気機関を発明し、その燃料として資源エネルギーを活用した段階で、今日のような地球環境の危機を予測できたとは思えません。気付かないうちに生まれていた小さな病巣が、いつの間にか身体全体を蝕みはじめ、全身が侵されしまってからようやく気付いたという流れでしょう。まさに、今がその段階にあります。これまで何とか対処療法でしのいできたわけですが、こんな重篤な状況に追い込まれてしまった原因はどこにあるのでしょうか。その答えは、資源エネルギーの「消費」から「浪費」へ移った過程にある、と私は見ています。

### T型フォードの爆発的な普及

ガソリンを燃料とする自動車が誕生したのは、産業革命から一世紀ほど経った一八八五年、新大陸アメリカでのことでした。この自動車の誕生こそが、資源エネルギーである原油を人類が大量消費する出発点となりました。自動車の開発、またその普及の過程を時系列で追ってみると、

どうしたら原油を大量に消費することができるかという思惑が自動車メーカーと石油業界の間で合致し、それを政府が全面的に後押しする形で生産と普及が推し進められてきたというストーリーが見えてきます。

自動車が初めて登場した一八〇〇年代後半、当時の新大陸における主な移動手段といえば、西部劇でおなじみの馬車と鉄道でした。馬車と同じ四輪でありながら、馬が引くのではなく、エンジンが唸りを上げて走る自動車の登場を、人々は戸惑いながら眺めていたことでしょう。乗り心地も悪く、故障しがちだった初期の自動車は、馬車や鉄道を利用していた人々の目には何とも「頼りない」乗り物として映ったはずです。しかし、やがてこの自動車と石油業界が蜜月時代《ハネムーン》を迎えることになります。

新大陸では次々に油井《ゆせい》が掘られ、まさに一八四〇年代のゴールドラッシュの再来となっていました。しかし、大量に噴き出す黒い液体である原油をどのように活用するかについては未知数でした。それでも、当時の主力熱源であった石炭に比べて扱いやすく、熱効率も高く、さらに石炭のように燃え滓が出ないという利点があったため、石炭に代わって原油がエネルギーの主役に就くまでそれほど時間はかかりませんでした。

初期段階では、油井を掘るために経費がかかることもあって石炭より価格が高かったのですが、使い勝手と熱効率のよさから大型船舶での利用が高まると、石油の需要は急速に拡がっていくことになります。しかし、陸での移動手段は蒸気機関車がまだ主力でしたから、依然として燃料需要は石炭に押されたままです。石油業界が油田開発のために投資した莫大な資金を回収するためには、石油を大量消費する「何か」が必要不可欠でした。その「何か」とは、収穫した米を大量に消化する胃袋のように、石油を大量に、しかも毎日、確実に消費してくれる「モノ」でした。

この当時の自動車といえば、一部の富裕層が所有する贅沢な乗り物で、高級住宅が一軒買えるほど高価なものでした。念のために言いますが、馬車も馬の餌代などといった維持費がかかり、誰にでも所有できるといった乗り物ではありませんでした。

自動車の普及は需要が一部の富裕層にかぎられていたためなかなか思うように進みませんでしたが、その殻を破り、庶民でも手が出せる低価格の大衆車として開発され、市場に大量投入されたのが「T型フォード」です。この最初の大衆車こそが、まさに原油という「米」を日常的に大量消化する待望の「モノ」となったわけです。

T型フォードが市場に登場した一九〇八年こそが、原油の「大量消費元年」となります。自動車の用途面でも、T型フォードが登場する前後では様相が変わりました。前述したように、乗用車は一部のお金持ちだけが利用していて、そのほかの主な用途は物品運搬を担う営業車、つまりトラックでした。それがT型フォードの出現によって、人の移動する手段として急速に定着していくことになったのです。

庶民にも手の届く価格で、一般庶民の足となったＴ型フォードは爆発的に売れたわけですが、大衆車としていかに人気があったかについては、発売されてから約二〇年間ほとんどモデルチェンジがされていないということからもうかがえます。アメリカの国民はこの自動車を手に入れることに熱狂し、新大陸の豊かさの象徴として支持し、自動車に対する強い忠誠心は世紀をまたいで二一世紀の現在も連綿と引き継がれています。

さて、石油業界のほうは、「ガソリンを日常的に、湯水のように消費する自動車であればあるほど上得意客である」として大歓迎しました。省エネやエコ意識が高くなった現代では考えられないことですが、あり余る原油の「捌け口」をつくり出すことこそが、石油業界へ投資した資本家や銀行を納得させるもっとも有効な戦略だったわけです。

アメリカ人の身体が大きいということを差し引いても、また安全性を考慮して頑丈な車体がユーザーの要求であったと

1915年型のＴ型フォード

しても、石油を大量に消費するための条件を十分備えている馬鹿でかいフルサイズカーが自動車メーカーと石油業界において意見の一致を見たことは間違いありません。

昔から、アメリカで開発され、製造された自動車（いわゆるアメ車）は、「ガソリンを道にまきながら走る」と言われるほど燃費の悪さで有名でした。当時は「燃費」などという言葉そのものがない時代ですから、自動車は大きくて頑丈であればあるほど高い評価を得ました。温暖化が問題になってからも、アメリカではこの評価は引き継がれており、環境団体が顔をしかめる愚かしい伝統となっています。しかし、このような伝統こそが、自動車メーカーと石油業界の蜜月《ハネムーン》時代を支え続けてきたのです。

## 自動車時代に乗り遅れるな

アメリカを世界一の経済大国に押し上げ、国際経済を牽引する国家として君臨できるようになった根幹に自動車産業があること、それに異論を挟む余地はないでしょう。自動車産業は、石油以外にも鉄鋼、ゴム、ガラスなどといった関連産業の裾野が広く、観光、レジャー、輸送などといった新しい産業も生み出しました。さらに、道路整備、高速道路網建設などといった公共事業を呼び込む典型的な複合産業でもあります。

アメリカを見習うかのように先進諸国は、経済成長策の大黒柱として自動車産業を組み込んでいくことになります。自動車産業で大きく遅れをとっていたアジアにあって、第二次世界大戦後の廃墟からわずか一〇年ほどで奇跡の復活を遂げた日本が「ジャパン・アズ・ナンバーワン」とまで評価されるようになったのも、家電製品に次ぐ自動車産業の成功によるものでした。

現在、中国やインドが自動車生産を国策の中核に置いていることからも、「自動車産業＝経済成長」という図式が国家のリーダー間で遺伝子のように引き継がれていることが分かります。また、経済成長や景気動向の指標として、自動車の生産台数、販売台数、輸出入台数が取り上げられていることからもそれは明らかです。自動車の普及こそが経済の基盤であり、経済全体の底上げに貢献してきたことから、一国において経済の命運を握るほどインパクトをもつ存在となったのです。

しかし、地球温暖化と資源エネルギーの枯渇が深刻になるにつれて、アメリカを除いた先進諸国は自動車だけでなく鉄道など交通体系全体の見直しをはじめています。こうした国際的な流れに依然として背を向けている国、それがアメリカです。

環境問題の解決に前向きだったオバマ大統領時代（二〇〇九年～二〇一七年）は、シェールガスについては環境汚染の悪化につながるとして採掘が見送られましたが、「アメリカ・ファースト」を掲げるトランプ大統領はこうした規制をすべて取り払い、「シェール革命」であるとか「ゴールドラッシュの再々来である」と言わんばかりに開発を後押ししています。たとえ燃料の浪費であると批判されようが、伝統的なフルサイズの馬鹿でかいボディでなければ「メイド・イン・アメリカ」の自動車ではない――このような発想が、依然としてアメリカ自動車市場とアメリカ国民のマインドを支配しているようです。

では、なぜ、アメリカ国民は自動車との蜜月時代にいつまでも浸っていようとしているのでしょうか。世界で最初の大衆車である「T型フォード」からはじまった自動車社会は、アメリカ国民の誇りであり、自動車を否定することはアメリカの国家、国民を否定することにつながると思っているからではないでしょうか。温室効果ガスの排出量が世界でもっとも多く、地球温暖化を悪化させようとも「どこ吹く風」といったトランプ大統領の姿勢は、まさに「アメリカ・ファースト」の面目躍如といったところです。

## 鉄道を潰した自動車企業の謀略説

国際社会に背を向け、一国主義を貫き通すアメリカを語るときに引き合いに出されるのが国家誕生の歴史です。しばしば使われる言葉に「アメリカンドリーム」がありますが、このドリームとは、移民が「新大陸」に求めた「自由」と「解放」そのものでした。

一八九三年に『新世界より』を世に送り出したチェコを代表する作曲家サントニン・ドボルザーク（Antonín Leopold Dvořák, 1841～1904）は、自ら新大陸に渡り、欧州の古い伝統の殻を打ち破る新しい世界を目撃したことに感動し、衝撃を受けた体験からこの名曲をつくりあげました。

一八世紀に生まれた新大陸のアメリカ社会は、欧州の中世封建社会と王侯貴族社会とは真逆に、信教、思想、言論の自由を建国の柱として、移民による多民族国家としてスタートしました。この三つの自由は、欧州社会の伝統的な規制や抑制から人々を解き放ち、夢を描き、夢を叶えようと思いさえすれば、奴隷である黒人を除いて、誰でも実現できることから「アメリカンドリーム」と謳われるようになりました。新生国家アメリカは、自由競争の下、経済、工業、農業、芸術などあらゆる分野において、斬新で刺激あふれる世界を創造し、二〇〇年以上にわたって国際社会を牽引してきました。その代表が自動車産業でした。

アメリカの鉄道史をひもとくと興味深いことが分かります。今でこそ世界に冠たる自動車大国として君臨していますが、かつてはヨーロッパについで鉄道の普及が進んでいた鉄道先進国でした。一八七〇年代に大陸横断鉄道が大西洋と太平洋をつなぎ、さらに多くの路線がつながって都市間の人とモノの移動が盛んになり、アメリカ大陸全体はしっかりとした足取りで発展の道を歩んでいました。さらに、大陸間だけでなく主要都市には市街電車が敷設され、移動手段の主役であった馬車がその役割を終えつつありました。

一九〇〇年代になると、鉄道の果たす役割は単なる人とモノの移動だけではなく、旅行などといった新しい需要を生み、まさに黄金時代を迎えようとしていました。鉄道に比べると、そのころの自動車は長距離を走るには適さず、どちらかといえば貨物の運搬が中心で、人の移動はまだ「脇役」でしかありませんでした。そんななか、前述したT型フォードの登場によって自動車の大衆化が進んだわけですが、普及が進めば進むほど、自動車メーカーの販売拡大戦略にとって鉄道が目障りな存在になりはじめました。

鉄道の利用者を自動車の利用者に置き換えることができれば、自ずと自動車の需要が増えると考えた自動車メーカーが選んだ手段、それは鉄道会社を買収することでした。

鉄道が普及した現代でも、鉄道経営には線路の敷設から車両、駅の整備などといった初期投資に莫大な費用がかかるほか、その後も車両のメンテナンスや安全管理などといった維持費がかかります。ましてや鉄道普及の初期は、公共交通機関という概念が生まれる前のことですから運営主体は民間に任されており、経営状態は決して順風満帆とは言えませんでした。採算が取れる路線は利用者の多い都市部にかぎられており、国からの支援があったものの、資金調達で行き詰まったりする会社は少なくありませんでした。

企業統合や政府からの支援頼みで、経営が綱渡り状態である鉄道会社に目をつけて、自動車メーカーは買収に乗り出します。そこには明確な野望が隠されており、それが謀略説として語り継がれている理由です。

野望とは、採算のとれない鉄道会社を買収し、鉄道を廃線にして線路を剝ぎ取り、その跡地を道路に置換することでした。地盤工事がしっかりしている線路の跡地は、レールさえ除去してしまえば道路に転換しやすく、自動車道を最初から建設するよりもはるかに簡単で安上がりです。しかも、中長距離の鉄道を道路に造り替えることができれば、長距離ドライブも可能になります。乗り心地の悪かった当時の自動車を普及させるためには、平坦で走りやすい道路建設こそが急務でした。線路の跡地を道路化すること、自動車の普及にとって、これ以上効率的かつ合理的な方法はなかったのです。

勢いづいた自動車メーカーによる買収対象は、市街電車、中距離鉄道、長距離鉄道へと拡がっていくことになります。自動車メーカーの背後には、巨大資本である石油業界が支援する有力な国会議員が控えており、政府へのロビー活動によって次々と鉄道会社を買収し、廃線後の道路化は素早く、野望は強引かつ徹底的に実行されていったと言われています。鉄道国家から自動車国家へと変貌を遂げた背景に、国と石油業界、さらには自動車メーカーが一体となって蠢動《しゅんどう》したことは想像に難くありません。

アメリカ政府が、自動車の普及は鉄道のそれとは比べものにならないほど経済効果の上がる産業であると判断し、全面的にバックアップしたこともあって、誰もが自動車を所有すること、誰もが自動車に乗れることが「アメリカンドリームの実現である」と、あたかも熱病にかかったように盲進したことを端的に語っている文章がありますので以下に引用します。

「ロサンジェルスには、人口七百万人に対して三九十万台の自動車があり、その数は人口より早く増加している。公共交通機関は皆無に近く、市民の八パーセント足らずが公共運輸機関を利用しているだけだ」（「タイム」誌一九六六年九月二日号）。アメリカの自動車産業は、それだけをとってみればもちろん効率は高い。しかし、この効率が七百万人に対して約四百万台の自動車が要るという法外な非効率をどうして打ち消すことができよう。（E・F・シューマッハ／酒井懋訳『スモール イズ ビューティフル再論』講談社、二〇〇〇年、一二六ページ）

---

かくしてアメリカは、石油の一日当たりの消費量が第一位（「BP統計2018」の「世界エネルギー統計」参照）、二酸化炭素排出量で世界二位（前掲統計）という大国としてこれからも君臨し続けることでしょう。また、石油の消費量が国力と経済力の強さを示すというアメリカの考え方は、これからも変わらないと思われます。

ゴールドラッシュに続く石油採掘ラッシュ時代を舞台にしたハリウッド映画の『ジャイアンツ』（ジョージ・スティーヴンス監督、ワーナー・ブラザーズ配給、一九五六年）のように、すべてにわたって「巨人《ジャイアンツ》」であり続けることはアメリカ国民が抱き続ける幻想であり、醒めることのない夢なのですから。

## これからの自動車産業

### 自動車ほど効率の悪い乗り物はない

自動車のもっている性能や便利さを熟知している人は多いでしょうが、その効率の悪さを認識している人は意外と少ないように思われます。効率の悪さは、ほかの乗り物と比べると一目瞭然です。

まず、エネルギー効率を自動車と鉄道で比較してみると、人間一人を一キロ運ぶために消費するカロリーは、鉄道の場合が約五〇キロカロリーであるのに対して、自動車の場合は約五六〇キロカロリーと一一倍以上もかかるほか、地球温暖化の元凶とされる二酸化炭素の排出量は八倍になるとされています。これだけではありません。スペース面でも、自動車で人間一人を運ぶために占有する面積は鉄道の一二〇倍に上るとされています。

とくに大都市においては、渋滞を起こさないために道路の幅員《ふくいん》を広くとる必要がありますし、大型商業施設などでは、来店客用の駐車場としてスペースを割かなければならないなど、管理運営上でも大きな負担となっています。さらに、デパートなどの大型商業施設の場合は、主要駅に隣接して建てられることが多いため、デパート内の駐車場を目指す車が列をなし、駐車場が満車になると空き待ちの車の列が道路を占拠するという事態にまでなっています。主要駅の周辺が慢性的な交通渋滞になるのは、こうした車が原因とされています。

ヨーロッパなどの大都市では、駅周辺や街の中心部への自動車の乗り入れを規制するといった対応や、ドイツのフライブルグ市で一九八〇年代にはじまった「パーク・アンド・ライド方式」を採用するケースが増えています。これは、郊外に大型駐車場を設けて自動車をいったん駐車させ、そこから中心街にバスや鉄道を利用して客を輸送するというもので、日本でも金沢市や広島市などで試されており、導入を検討している観光地が増えつつあります。

自動車の乗り入れが少なくなれば、デパートなど商業施設の駐車場は無用の空間となり、管理費やメンテナンス費用を削減することができるだけでなく、空いたスペースを店舗などに有効活用することも可能となります。

駐車場としてスペースを取られるのは一般住宅も同じです。住宅の敷地に駐車場スペースを設けることを不合理と考えているヨーロッパ諸国では路上駐車が一般的で、路上駐車のしやすい小型車が主流となっています。

一方、日本では、自家用車を所有すると自宅に駐車スペースが必要となります。そのために戸建て住宅では、駐車場として土地を確保する分だけ地域の緑化率が低下するという指摘もあります。たとえば、首都圏（東京都、神奈川県、千葉県、埼玉県、茨城県）にある一戸建ての平均敷地面積は約三五坪から五〇坪（出典「二〇一九年不動産統計集」公益財団法人不動産流通推進センター）とされていますが、仮に自家用車を購入するとなると、その敷地内に最低でも一五平方メートル（四〜五坪）ほどの駐車スペースを確保する必要が出てきます。

## 自動車が与える環境へのインパクト

アメリカで自動車時代がはじまった当時、各自動車メーカーは石油が未来永劫枯渇することはないと信じていたことでしょう。もちろん国家も、そして石油業界や自動車のオーナも同じです。一九五〇年代になり、「ローマ・クラブ（Club of Rome）」によって、石油枯渇による「成長の限界」についての議論が起きたときでも、ほとんどのアメリカ人はこれを馬鹿げた冗談としか受け取っていなかったようです。一方、アメリカの歴代大統領は、オバマ大統領を除けば、自動車の排気ガスに含まれる温室効果ガスが地球温暖化の原因であるというＩＰＣＣ（国連気候変動に関する政府間パネル・Intergovernmental Panel on Climate Change）の説に耳を貸すことはありませんでした。

一九九七年一二月に京都市で開催され、採択された「気候変動に関する国際連合枠組条約の京都議定書」を批准していないのは、先進国のなかではアメリカだけです。そればかりではありません。二〇一八年にはトランプ大統領が「パリ協定」[1]からも離脱し、地球温暖化問題に完全に背を向けていますので、歴代のアメリカ大統領の考え方はほぼ一貫して変わっていないことが分かります（二〇二一年以降、どうなるのか興味深いところです）。

地球温暖化について自動車加害説に与さない理由は、自動車産業の否定が国家経済の低迷につながりかねないと危惧しているからです。国際市場で原油価格が高騰しても、アメリカのガソリン価格は他の先進国に比べるとまだ安く据え置かれたままですし、有望なシェールガスの発掘に成功したときには、あのオバマ前大統領ですら抑制的だったエネルギー政策を強気に転換したほどです。ただし、前述したように、オバマ前大統領は環境問題に配慮して採掘には消極的な姿勢を示しましたが、その後を継いだトランプ大統領はシェールガスの採掘に積極的です。

二一世紀初頭のほんの一時期、環境派を主張する一部のハリウッド俳優などによって燃費効率の優れたコンパクトなハイブリッド車が支持されましたが、現在のアメリカの自動車市場では、トランプ大統領の意向に沿うかのように、馬力が大きく、燃費の悪い大型車に対する人気が復活傾向にあります。地球温暖化は、どこかほかの惑星での出来事ぐらいにしか思っていないようです。

## これから本格化する途上国の自動車普及

地球温暖化とともに大気汚染が大問題となっている国があります。言うまでもなく、世界第二位の経済大国、中国です。経済成長率はかつての一〇パーセントを超える二桁台から平均六パーセント台まで下がりましたが、先進国の一～二パーセント台に比べると依然として高く、六パーセントの成長を維持することができれば、約一二年で国の総資産が倍になる計算です。そんな好調な経済を支えてきたのが輸出ですが、見逃せないのが内需、つまり国内消費力です。なかでも、自動車の普及はすさまじい勢いを示しています。

二〇年前ほどの北京の風景と言えば、夥しいほどの自転車の列でした。しばらくして小型バイクに代わったかなと思っていたら、今や世界一の生産台数を誇る自動車大国にまで成長しています。北京などの主要な都市では、市街地のあらゆる道路で渋滞が発生しています。こうした都市部では、自動車からの排気ガスと工場などからの排煙とがあいまって、大気汚染が深刻化していることがよく知られています。

中国政府は、増大した自動車から排出される二酸化炭素の量を減らすために、ナンバープレートの末尾（奇数、偶数）で自動車利用の規制をかけるほか、ガソリン自動車の販売を制限するなどの対策を取る一方、電気自動車については販売規制を設けずに補助金までつけて優先購入を促

（1）パリ協定は、第二一回気候変動枠組条約締約国会議が開催されたパリにて、二〇一五年一二月一二日に採択された、気候変動抑制に関する多国間の国際的な協定（合意）。

進するなど、排気ガスによる大気汚染への対応を急いでいます。しかし、こうした対策が一部の都市部にかぎられていることから、実効性については不透明です。

国連の将来人口推計によると、二一〇〇年には人口が一五億人となり、中国を抜いて最大の人口大国になると予測されているのがインドです。一四歳から六五歳までの生産年齢人口層にボリュームがある人口ボーナス効果に加えて、ＩＴ産業の急成長が推進力となって高い経済成長が予想されています。もちろん、自動車産業にも力を入れており、経済成長によって所得が増えれば消費力の高まりにつながるのは中国と同じです。どうやら、中国と同じ道を歩みはじめつつあるようです。

## 驚異的な速さで資源エネルギーのストックはゼロへ

### 数億年かけて貯金（ストック）された資源エネルギー

資源エネルギーの原料は、海などのプランクトンや動植物の死がいで、数億年にわたってバクテリアや地熱などで分解されて変化したものです。地中で強い圧力を受けてプランクトンや動物の死骸は石油になり、植物は石炭や天然ガスになりました。原油は中生代のジュラ紀と白亜紀などの層から産出されていることから、おおよそ二億年ほど前から地球の奥深くで、ずっと眠り続けてきたことになります。

石炭、石油、天然ガスなどといった資源エネルギーは、地球が蓄積していた「貯金」であると言われています。丸い一個の地球型貯金箱ですが、残念なことにこの貯金箱は、使った分をあとから補充することができません。つまり、今ある貯金を使い切ると、間違いなく貯金箱の中は空っぽになってしまうということです。

## さらなるエネルギー浪費を生む経済構造

二〇世紀から二一世紀へと、地球人類が豊かな暮らしを築くうえで消費してきた資源エネルギーは、貯金が減少し続けているにもかかわらず、いつのまにか「消費」から「浪費」へと転じていきました。消費から浪費に転じた時期がいつかといえば、やはり経済成長を後押しした大量生産、大量消費、大量廃棄が発生したときです。そして、このような経済構造を支えてきた大きな要因の一つとして自動車の普及があったと考えられます。

アメリカが経済大国として世界で君臨できたのも自動車の生産とエネルギー消費のおかげであり、アメリカに倣って、他の先進国や新興国が自動車産業を基幹産業に据えてきたという事実はすでに述べたとおりです。

売り出された当初は値段の高かった自動車ですが、低価格のT型フォード車の登場で状況は一変しました。アメリカでは一家に一台から、一家に二台となり、やがて一人に一台という時代を迎えるまでに半世紀を必要としませんでした。この変遷、何かに似ていると思いませんか。そう、テレビ受像機の普及とそっくりなのです。リビングルームに置いた一台のテレビを家族で囲んで「紅白歌合戦」を見ていた時代は昔話となり、いつの間にか一部屋に一台、一人に一台が当たり前となりました。

自動車の場合、一家に一台ならエネルギー効率も悪くないのですが、一人が一台ずつ所有して乗り回すようになったことで、まさに大量生産（自動車本体）、大量消費（ガソリン）、大量廃棄（二酸化炭素）、そしてエネルギーの「浪費」につながることになりました。ただ、困ったことに、二酸化炭素などの温室効果ガスは一般のごみのように目には見えない廃棄物ですから、一九五〇年代まではその影響について、ほとんど環境問題として取り上げられることはありませんでした。

念のために言いますが、大量生産されるのは自動車だけではありません。たとえば、食品も同様です。ひと昔前は、米などの主食を除いて、魚や肉などの副食はその日に買って、その日に食べ切るというスタイルが一般的な消費のあり方でしたが、電気冷蔵庫の普及によって買いだめ（大量消費）をするようになりました。そして、消費者の購買意欲の高まりを受け、スーパーマーケットなどといった大型店が誕生してはじまったのが大量の安売りでした。

その後、女性の社会進出などもあってますます「買い置き」や「買いだめ」が進み、量販店などでは、価格競争が激化して「大量販売」と「大量消費」が加速することになります。家庭では食べきれずに余った食品の廃棄量が増え、コンビニエンス・ストアなどでは売れ残りを廃棄するケースが「食品ロス」といった社会問題になっています（これについては、のちに詳しく取り上げます）。

「第1章　コーラの空き瓶とペットボトル」でも書きましたが、コーラの空き瓶やペットボトルと同様、廃棄される食品にも、原材料の生産、加工、流通という各段階においてエネルギーが大量に消費されています。食品を消費し切らないまま廃棄すれば、それは貴重なエネルギーを捨てていることになり、まさに「浪費」そのものとなります。消費の「消」が「浪」の文字に入れ替わっただけで、地球環境への負荷は増していきました。人類のあくなき欲望、その積み重ねがいかに自然環境に影響を与えているのかが分かります。

## 補論　エネルギーってなに？

本書には、随所に「エネルギー」という言葉が出てきます。そこで、私なりに「エネルギーとは？」について簡単にまとめてみることにしました。

「エネルギー」という概念が確立されたのは一九世紀の後半で、語源はギリシャ語で、「仕事」を意味する「energeia」（ギリシャ語のラテン翻字）とされています。エネルギーについて『広辞苑』を見ると、「物理学的な仕事をなし得る諸量（運動エネルギーや位置エネルギー）の総称」と何やら難解な説明文が書かれていますが、一般的には「仕事をする力」と言われています。もちろん、そのとおりなのですが、これではまだつかみどころがありません。

　エネルギーは、「一次エネルギー」と「二次エネルギー」に分けることができます。「一次エネルギー」とは、「仕事をする力」に加工される前の原材料のようなもので、その原材料を、使い勝手がよいように加工もしくは変換したのが「二次エネルギー」だと言えます。

　もう少し具体的な例を挙げて説明しますと、原油を「一次エネルギー」として、これを自動車の燃料として使いやすく加工されたガソリンが「二次エネルギー」となります。また、川を流れている水が「一次エネルギー」だとすれば、その水をダムにため、水の力でタービンを回転させて生まれた電気が「二次エネルギー」となります。

　電気になる「一次エネルギー」には、天然ガス、石炭、ウラン、風、波、地熱、太陽光などが挙げられます。これらからつくられた電気が、どのように「仕事をする力」となっているのかについて説明していきましょう。このとき、「エネルギーとは変化しながら仕事する力」と、「変化しながら」という言葉を付けて考えると分かりやすくなります。

発電所から送電線を伝って家庭に届けられた電気が「仕事をする」形はさまざまです。たとえば、洗濯機のモーターを回転させて洗濯という仕事をします。同じようにモーターを回転させて、エアコンのように部屋を冷やしたり暖めたりもします。また、電気炊飯器ではご飯が炊かれますし、電灯を点して室内を明るくしたり、テレビ画面に画像を映して音声が流れるように、同じ電気が回転、熱、冷気、映像、音声などに「変化しながら」仕事をしていることが分かります。

原油からつくられる石油や軽油、重油、ガソリンという「二次エネルギー」も、石油はストーブで燃焼して炎に変化することで部屋を暖めますし、軽油や重油、ガソリンは主にエンジンという内燃機関で爆発的な燃焼をさせることによってピストンを動かし、その力で自動車のタイヤや船のスクリューを回転させるという推進力に変化しています。

もし、「エネルギーが変化しながら仕事をしたあと、どうなってしまうのか？」という疑問にとらわれたら、以下のような「エネルギー保存則」をふまえておけばよいでしょう。エネルギー保存則は三つあります。

❶エネルギーは変化する。
❷エネルギーは変化しても量は変わらない。
❸すべてのエネルギーは最後に熱になる。

これは、一度使われたエネルギーは元に戻らない（不可逆性）ことを証明するための法則です。身近な例を引くと、動物は摂取した食べ物（一次エネルギー）を体内で熱（二次エネルギー）に変化させて、運動したり考えたりする仕事をします。そして、使い終わったエネルギーは放熱されます。大勢の人が集まる空間が暑くなるのはそのためなのです。ちなみに、その熱が元に戻ることはありません。

# 第4章

# 「豊かさ」を追い求めるために人類が支払う代償

「『化石燃料を基盤とした、自動車中心の使い捨て経済』」は、それを形づくった国々にとっても、そういった国をお手本にしている国々にとっても、もはや持続可能なモデルではない」

（レスター・R・ブラウン／枝廣淳子ほか訳『地球に残された時間――80億人を希望に導く最終処方箋』ダイヤモンド社、二〇一二年、二五三ページ）

## エネルギー浪費のツケ

地球全体の気温上昇が止まりません。産業革命から二五〇年の間に地球の平均気温は二度近く上がっていて、何も対策を講じないまま放置したら、二一〇〇年の平均気温は最大で四・八度上昇すると言われています。

二〇一九年に日本の環境省が公開した「未来の天気予報」というシミュレーション動画によると、二一〇〇年の東京都の最高気温は四四度、大阪府は四三度になると予想されています。その原因は、ＩＰＣＣ（気候変動に関する政府間パネル）が指摘している温室効果ガス（二酸化炭素、メタンガスなど六種類）の増加によるものとされています（八六ページ参照）。

温室効果ガスとは、地表から放射された赤外線の一部を吸収することで地球の温度を保ち、温室効果をもたらす気体（温室のビニールカバーのようなもの）のことです。温室効果が発表されたのは一八二七年で、さらに三〇年ほど経って、温室効果をもたらす原因がガスであることが発見されました。

このガスがなければ地球の表面温度はマイナス一八度まで下がり、人類を含めて生き物が生存することは極めて難しい環境となります。温室ガスの増加で地球の表面温度は一五度ほどに維持されており、ガスが適度な濃度であれば問題は起きないのですが、濃度が高まると赤外線が外に逃げにくくなり、温室効果が高まって地球全体の気温が上昇を続けることになります。

## 温室効果ガスをめぐる議論

温室効果ガスは、地球が誕生し、大気圏が形成されてからずっと存在してきたわけですが、ある時点から増加に転じたということが一九八〇年になって指摘され、そこから地球温暖化問題へと本格的に発展していきました。そのある時点とは、言うまでもなく一八世紀に起きた産業革命です。産業革命から二五〇年で上昇した気温が約二度と言われても、さほど高いという感じがしないかもしれません。しかし、これは平均値であり、寒冷地域や高山の気温が高くなると氷河の融解を招くことになります。その例が、ヨーロッパ・アルプスの氷河や南北の極点にある氷山で観測されています。また、解けた氷河の水が海に流れ出して海面上昇を招き、太平洋の島々が水没の危機に直面していることも報告されています。

一方、ロシアでは永久凍土が融解し、地中から大量のメタンガスが放出しはじめています。温室効果が二酸化炭素よりも高いメタンガスの増大は地球温暖化を加速する可能性があるため、影響がより深刻であると専門家は指摘しています。さらに、永久凍土の融解によって、北極圏の都市ノリリスクにある火力発電所の燃料タンクが倒壊し、二万一〇〇〇トンもの軽油が川に流れ込むといった事故も発生しています（フランス通信社、二〇二〇年六月九日配信）。ロシア天然資源環境省は、永久凍土が融解したことが原因だとし、同じように脆弱な地域に立てられているインフラ施設の点検を指示したとも報道されています。

しかし、温暖化の原因については、アメリカのように温室効果ガス説を否定する国もあり、気象学者や科学者のなかにもIPCCの主張とは異なる見解や、その主張を批判するといった意見があることも確かです。それでも地球温暖化は、「産業革命以降、大量に排出された温室効果ガスによるものである」が国際的なコンセンサスとなっています。とはいえ、温室効果ガス説否定派の言い分に耳を傾けておくべき点があります。温室効果ガス増加説に「待った」をかけている理由を、三つの視点から整理してみます。

**①地球誕生以来、繰り返されてきた気候変動によるものとする視点**

まず一つ目が、地球は誕生以来、激しい気候変動を繰り返してきており、その原因解明がいまだにできていないという前提に立った視点です。ここ四〇万年の間でも、ほぼ一〇万年ごとに氷河期が繰り返されており、そのメカニズムについての説がいろいろあるものの、まだ解明には至っていません。

これらの気候変動を引き起こしてきた原因の一つとして、地軸の傾斜角の変化があります。地球の自転を独楽《こま》にたとえると、真っ直ぐに立って回っていた独楽の軸がしばらくすると傾くように、地球も軸の角度が大きくなったり小さくなったりしています。角度が大きくなると太陽光を浴びる面積が広くなって、地球は温暖になります。逆に、軸が真っ直ぐに立っていくと太陽光を浴びる面積が小さくなり、寒冷に向かうことになります。このような変化が数万年ごとに繰り返されているのですが、現在の地軸は、傾きが少しずつ戻る過渡期にあると言われています。つまり、これから寒冷に向かうことが予想されているわけです。

もう一つ、太陽の周りを回る軌道の変化によって、太陽に近づいたり離れたりすることも原因として挙げられていますが、いずれも専門家のなかで意見の一致を見ていません。これらのことから、現在観測されている温暖化が、温室効果ガスによるものなのか、数万年から一〇万年ごとに繰り返してきた自然現象によるものなのか、断定することができないという見解です。

**②地球温暖化と気温変動を一緒に考えるのはおかしいという視点**

学校の地理で学んだ記憶があると思いますが、一〇万年ごとに起きていた氷河期と氷河期の間を「間氷期」と言います。現在はどうかというと、その間氷期にあたります。つまり、氷河期が終わり、どちらかといえば地球が暖かくなっている期間と言えます。この気温変動をベースにしたさまざまな意見がありますので、それらを簡単にまとめてみました。

地軸角や太陽の周りを回る軌道の変化と同じように、氷河期にも一定のサイクルがあります。そのサイクルは四万年ほどと言われていますので、今度の氷河期が来るまでにはまだ二万年ほどあります。また、この間氷期にも一定のサイクルで気候変動が起きています。

一九〇〇年代にも、一九一〇年から三〇年ほど続いた温暖化、その後、一九四〇年から一九七五年は寒冷期とされており、日本列島は一九六三年、一九七七年、一九八一年、一九八四年に豪雪に見舞われています。世界的に見ても、一九七八年のアメリカ北東部で発生したブリザード被害では自動車が雪に埋まり、車内に閉じ込められて多くの死者が出ました。このように、大小の気候変動は数えきれないほど発生しているのです。そもそも、地球温暖化がはじまったとされる一九世紀の初めには、猛烈な寒波が地球を襲っていたという記録もあります。

大きな変動期の間にも小さな変動が起きており、地球の温暖化、温暖化というが、気温の変化を正式に測定しはじめたのは一九世紀の後半であり、そのデータ蓄積はまだ一五〇年ほどでしかなく、現在、地球の気温が高いのは、地球が繰り返してきた気温変動現象の一つにすぎず、温室効果ガスが増えているからといってそれを温暖化と結び付けるのには無理があるのではないか、という主張です。現在の温暖化は、地球上で起きている気温変動のメカニズムが原因であり、温室効果ガスによる人為的な原因が温暖化を引き起こしているという根拠は明確ではない、というのが懐疑派の視点となっています。

### ③地球は超温暖化に見舞われた過去があるとする視点

先の二つでは主に地球のメカニズムの視点を取り上げましたが、次は過去に起きた最大規模の超温暖化について述べます。それが、五六〇〇万年〜五二〇〇万年前に発生した「暁新世・始新世境界温暖化極大事件（Paleocene-Eocene Thermal Maximum：ＰＥＴＭ）」です。

このときには地球の生き物が壊滅的な打撃を受けており、地球史上、最大の気候変動による危機であったとされてきました。原因は、火山の爆発によって大気中の二酸化炭素とメタンの濃度が異常に高くなったこととされてきましたが、一説ではメタンハイドレート(1)が吹き出したことが原因だとも言われてきました。なお、その詳細は分かっていません。

このときの超温暖化は、終息するまでに数千万年がかかったとされています。ＰＥＴＭが生物生存の危機に及ぶまでの規模であったことから、現在の温暖化はまだ「危機」というほどの大事《おおごと》ではないとする見方にもつながっています。

一方、ＰＥＴＭが火山の爆発という自然災害だったのに対して、現在の温暖化原因は、言うまでもなく資源エネルギーを大量に燃焼した人為災害であり、しかもＰＥＴＭが発生するまでに約一〇〇〇万年かかっていたのに対して、現在の温暖化は二五〇年という短期間で起きていること

(1)　海底の地層の中にあり、メタンガスが氷状になっている物質で、「燃える氷」とも呼ばれている。

を考えると、深刻度はＰＥＴＭよりもはるかに高いのではないかとする意見もあります。

いずれにしても、五六〇〇万年前に起きた現象と同じレベルことが人為的な理由で起きているとしたら、地球にとっては初めての重大インシデント（事件）であり、第二のＰＥＴＭへと発展しないように対策を急ぐべきだと言えます。

## なぜ、アメリカは温室効果ガス説に背を向けるのか

二〇一五年に合意された「パリ協定」では、二〇二〇年以降の気候変動に関する国際的な枠組みとして、世界の平均気温を産業革命以前に比べて二度より低く保ち、一・五度に抑えるなどの目標を掲げました。そして、二〇一九年にスペインのマドリードで開催されたＣＯＰ25では、二〇一五年の「パリ協定」で目指す一・五度に抑えようとすると、二〇五〇年には世界の温室効果ガスの排出量をゼロにする必要があるとしてさらに厳しい規制を設けることが協議されましたが、先進国のなかで温室効果ガス排出量二位のアメリカと五位の日本の首脳が出席せず、国際社会の足並みは揃いませんでした。

アメリカが離脱したことで「パリ協定」の実効性に黄色信号がともされていますが、なぜアメリカは頑なに温室効果ガス説に反対をするのでしょうか。温室効果ガス説については、前節で整理したように、気象学者などのなかでも異なった意見や懐疑論があるわけですが、もう一つ、Ｉ

ＰＣＣが誕生する背景について根強い疑義を呈している次のような説もあります。

一九八〇年代、当時イギリスの首相サッチャー（Margaret Hilda Thatcher, Baroness Thatcher, 1925～2013）が、イギリスへの原発導入の理由として温室効果ガスの発生がないことを強調し、「温暖化をとるか、原発をとるか」の二者択一を国民に迫りました。石油や石炭火力発電が地球温暖化の原因であると国際的に大きく取り上げられるようになった時期でもあり、サッチャー首相は原発導入へ舵を切ることの正当性として、温室効果ガスの排出がないことを理由にして世論を誘導したわけです。これを契機に、温室効果ガスによる地球温暖化問題がクローズアップされるようになり、イギリスの科学者が中心となって誕生したのがＩＰＣＣであるとされています。

このような背景から生まれたＩＰＣＣが、温暖化の原因を温室効果ガスに無理やり押しつけるためにデータを捏造したのではないかと気象学者などから疑問や異論が多数挙がり、それがくすぶり続けているのです。トランプ大統領が温室効果ガス説に与せず、「パリ協定」から離脱した理由の一端もここにあるのではないかと思われます。

余談ですが、サッチャー首相の「原発は温室効果ガスを排出しない」という発言は、のちに日本で原発反対派に対する説得話法として使われるようになり、いつしか原発は温暖化防止のために必要であるという流れができあがっていきました。それまでの原発導入理由は、エネルギーの安定確保と発電コストの安さとなっていましたから、「温室効果ガスを排出しない」というサッチャー発言は、原発反対派を沈黙させ、原発導入の正当性を補強するうえにおいて、日本政府にとっては強力な「助っ人」となりました。

## それでもいつかは枯渇する資源エネルギーとピークオイル

温室効果ガスをめぐるさまざまな説があろうとも、忘れてはいけないことがあります。それは、将来（いつとは断定できませんが）、石油、石炭、天然ガス、ウランなどの資源エネルギーが必ず枯渇するという避け難い事実です。地球温暖化ばかりに目を奪われるあまり、もっと重要な資源の枯渇問題が置き去りにされているのではないでしょうか。地球温暖化と資源枯渇は、同時に議論していく必要があると考えています。

二〇一〇年に開館した東京都立川市にある「国立極地研究所」を訪問したとき、研究員の一人から次のような話を聞きました。

「極地研究では、南極の氷の層に管を深く押し込み、その氷の層から地球の温度変化を計測しています。温暖化は、現在のように温室効果ガスがまだ増えていない時代でも起きており、それが温室効果ガス説を否定する理由の一つとなっていると言えるかもしれません。研究者の立場から、温室効果ガスが原因であるともないとも断定することは難しいのですが、一つだけはっきりしていることは、地球の化石燃料は、将来、必ず枯渇するということです。枯渇を少しでも先送りするという意味では、温室効果ガス排出を減らすために化石燃料の消費を抑えることは意義のある施策だと言えます」

一九七〇年代、「ローマ・クラブ」によって資源エネルギーの有限説が初めて取り上げられ、五〇年が経ちました。しかし、なぜか枯渇についての議論はあまり聞かれなくなり、依然として資源エネルギーに依存している状態が続いていること に私はとても違和感を覚えます。そればかりか、産油国が枯渇の危機にあるなか、シェールガスが新たに採掘されており、埋蔵量が豊富であるとして、資源エネルギーの可採年数《かさいねんすう》が二〇年、四〇年とさらに先送りされる傾向にあります。

シェールガスについては、主にアメリカでの採掘が活発で、トランプ大統領が温室効果ガス説

国立極地研究所。南極と北極、およびその周辺地域（極地、南極圏や北極圏）に関して、物理学や生物学などの科学的観点から観測、実験、総合研究を行っている。〒190-0015　東京都立川市緑町10-3　TEL：042-512-0910

を否定するのは、自国の豊富な資源エネルギーをバックに、強いアメリカを維持していきたいという思惑があるからではないかという指摘もあります。しかし、このシェールガスも資源エネルギーであり、いつかは枯渇する運命にあります。

原油についていては、何度となく可採年数《かさいねんすう》に修正が加えられてきましたが、ただ先送りされているだけで、いつまでも採掘できるということはありませんし、そこに途上国などでの自動車の普及や発電燃料としての需要が増大すれば、自ずと「ピークオイル」が早まる可能性があります。現在、もっとも有力視されているピークオイル時期は六〇年後の二〇八〇年頃とされています。

ピークオイルを過ぎるとどんなことが起きるのでしょうか。燃料としてもっとも価格が安く、しかも扱いやすい原油が枯渇に近づくと、産油国は採掘量を抑制せざるを得なくなります。供給量が減少すれば原油価格が高騰し、世界経済への影響は避けられません。どのような影響があるのか、原油の用途を見ると分かります。日本の場合で見てみましょう。

自動車、飛行機などの動力源として四〇パーセント、火力発電所、ビルや家庭の暖房などの熱源として四〇パーセント、残りの二〇パーセントがプラスチックや化学繊維の原料として消費されています（参考資料・石油情報センター・ホームページ「石油の用途」日本石油連盟、二〇一九年）。動力源と熱源で全体の八〇パーセントを占めていますが、その内訳を見ると、熱源の場合は天然ガスや石炭、原発、再生可能エネルギーなどのミックス政策によって石油への依存度が低くなっています。一方、動力源としては、今のところ自動車燃料のほとんどが原油から精製されるガソリンと軽油です。

原油が不足するとどうなるのか、約五〇年前の痛い経験を思い出します。過去二回起きた「オイルショック」ではガソリン価格が高騰して日本経済は大打撃を被り、日常生活においても、トイレットペーパーが生産できなくなって価格が高騰するという噂が流れ、スーパーに買い占め客が押し寄せてパニック状態になり、大混乱したという実例（一九七三年）があります。

そのときの原因は、中東戦争とＯＰＥＣによる輸出制限によるものでしたが、ピークオイルを過ぎて採掘量が抑制され、供給量そのものが減少すると、過去のオイルショックの場合とは異なり、需要が供給を上回るという状況が常態化することになります。さらに、枯渇を原因とする原油の生産抑制となると、過去のオイルショックとはまったく状況が違ってきます。原油価格が高騰したまま「高止まり」することが予想され、経済力のない国は原油を輸入することが困難になるでしょう。一方、経済力のある国でも物価上昇を招き、生活を直撃することになります。

供給量の減少は資源エネルギーの争奪戦につながり、歴史で学んできたように、資源エネルギーが原因とされる過去二度の世界大戦という悪夢が再び繰り返されるのではないかという懸念も強まります。ピークオイルを過ぎると各国の経済が低迷し、国際情勢の不安定化につながる可能性が高くなるということです。

## 「二一〇〇年未来の天気予報」

前述しましたが、二〇一九年、日本の環境省が「二一〇〇年の天気予報」の動画を公開しました。動画では、このまま有効な対策をとらずに温暖化が進むと、二〇〇〇年頃からの平均気温が四・八度上昇すると予測し、地球温暖化への理解を求めるとともに強い警報を発信しています。

内容を見ると、二一〇〇年の八月二一日の天気予報では、全国にある一四〇の観測地点で気温が四〇度を超え、最高気温は埼玉県熊谷市で観測史上最高の四四・九度を記録するとなっています。ちなみに、この夏の熱中症による死者数は一万五〇〇〇人に上ると予測されています。

二〇一八年、日本列島は猛暑に襲われ、人命を脅かすとされる危険な気温が四〇日ほど断続的に観測されました。最高気温は熊谷市の四一・一度（二〇二〇年八月、浜松市でも同じ気温を記録）でした。もちろん、十分危険な状況であり、熱中症で亡くなった人が二九〇人に上ったキラー温度です。これが、二一〇〇年には三・八度上回るわけですから、想像を絶するほどの危険が待ち受けていることになります。しかも、砂漠のようにカラッと乾燥するのではなく、ねっとりと肌にまとわりつくような高い湿度となり、屋外での活動は不可能となるでしょう。

二〇一九年には、太平洋の海水温の上昇が原因で大型化した台風と、大雨をもたらす低気圧が発達して次々と日本列島に上陸しました。八月には九州地方で記録的な降雨量が観測され、九月には大型化した台風が関東から東北にかけて強風と豪雨による大被害をもたらしました。北関東と東北では一級河川が次々と氾濫し、多くの住宅が水に浸かり、人的な被害も含めて未曾有の災害となりました。三〇年に一度発生するとされている異常気象の基準を超え、被害の予測がつかないほどの危険な気象状況が毎年のように観測されており、気象庁の予報官が「今すぐに命を守る行動をとってください」と何度も繰り返し呼びかけていた声がまだ耳に残っています。

大被害が起きるたびに「異常気象による想定外の天災である」という意見が聞かれますが、原因を究明すれば行き着くところは地球温暖化であり、人類がつくり出した、まさに「人災」であると認めざるをえません。このような異常気象を毎年のように目の当たりにすると、環境省が発表した「二一〇〇年未来の天気予報」が将来のことではなく、すでに起きていることであるかのようにも思えてきます。

## 人類にとって経済成長だけが目的なのか

先進国のみならずＢＲＩＣｓ(2)など新興国も経済成長を遂げており、さまざまな産業振興を進めています。なかでも、世界第二の経済大国になった中国は、豊富な資本を背景にして、アジア、

(2)　(Brazil, Russia, India, China) 二〇〇〇年代以降、著しい経済発展を遂げているブラジル、ロシア、インド、中国の総称です。

**COLUMN**

## 残された時間はない

地球は無駄なものや間違いを選んで排除するようにできている。生物は存在し続けるだろうが、とくに現在のような無駄の多い人間社会は、生き残ることができないかもしれない。私たち人間は思慮を欠いた行動や軽率な行動によって、自らの種を苦しめ、破壊する力を持っている。このまま故郷である世界――カール・セーガンの言によれば“淡い青色の点（ペール・ブルー・ドット）”――の変化のスピードがどんどん速くなれば、効果的な行動を起こすために残された時間がなくなってしまう。

（ロバート・ヘイゼン『地球進化46億年の物語』円城寺守監訳、度会圭子訳、ブルーバックス、2014年、361ページ）

（註）カール・エドワード・セーガン（Carl Edward Sagan, 1934～1996）。アメリカの天文学者、作家。NASAにおける惑星探査の指導者。

中東、アフリカヨーロッパを結ぶシルクロード経済ベルト（一帯）と海のシルクロード（一路）の「一帯一路政策」[3]を打ち出し、発展途上にある中東とアフリカ諸国への経済援助や技術援助を通して、新しい市場の創出に力を入れています。

アメリカとEUは、この地域に対して中国ほどの経済支援をしていないこともあって完全に遅れをとっています。一方、中国政府による過剰な融資はその国を借金漬けにする「債務の罠」とも言われており、国際社会からの批判が高まってはいるものの、アフリカ諸国は警戒心を抱きながらも経済成長という魔力に勝てず、取り込まれていくことになるでしょう。

私見ですが、中国による「一帯一路政策」は、ヨーロッパの国々の歴史に刻まれている「植民地政策」を踏襲したものではないかと思えます。「歴史は繰り返される」とするなら、「一帯一路政策」が迎えるであろう結末はすでに見えているようです。

先進国の経済成長を牽引してきたのは、言うまでもなく工業です。工業とは、原材料を加工してさまざまなモノをつくることを言うわけですが、鉄鋼などの素材メーカーから家電などの軽工業、船などの重工業、さらには建設業まで製造業全般が含まれます。

製造業のなかでは、自動車産業が裾野の広い複合産業としてさまざまな産業に恩恵をもたらしてきたことについては再三触れました。そして、自動車の場合は、家電や住宅などと同じく耐久消費財でありながら、ドライブという楽しみ、日常生活から独立した個室性などといったアメニティに満ちた副次的な魅力を内包しています。また、大衆車から高級車までと価格幅が広く、ステータス性において消費を刺激する点もほかの消費財にはない特徴と言えます。

自動車ユーザーによるショッピング、ファッション、観光への消費が経済を牽引したという先進国における成功モデルを、中国をはじめとして途上国が踏襲しているわけですが、なかでも中国の「一帯一路政策」は、成長の「伸びしろ」が未知数なアフリカなどの途上国一帯を、自動車とIT関連の生産工場化することにあります。

---

（3）　中国の真の狙いは、次世代通信規格5Gを活用してデジタル（IT）シルクロードを実現することにあります。

人口爆発によって増加が見込める生産労働人口を活用した工業生産の高まりで国民所得が増大して個人消費に直結し、耐久消費財のなかでも自動車の需要につながるという思惑を中国は描いていると考えられます。一帯一路政策にかかわるアフリカ諸国などもそれを期待して、豊富なチャイナマネーと工業、ＩＴの先進技術の投入を待っているわけです。それまでは、主にトラックなど大型車の生産に留まっていた中国が、二〇〇〇年になって自家用車の生産を開始するや否や、わずか一〇年足らずで自動車大国に変身して急速な経済成長を遂げたように、近い将来、これらの途上国が歩む先には同じ絵が描かれていることでしょう。

中国を抜いて、二〇二二年までには人口が世界第一位になるインドも同じ道を歩みはじめています。また、日本をはじめとする欧米先進国からすれば、生産年齢人口が豊富なベトナム、タイ、ミャンマーなどが自動車の生産拠点と同時に消費市場として絶好のターゲットとなっていますが、そのイニシアティブをどこの国が取るのか、水面下では各国の自動車メーカーの思惑が複雑にからみあっています。

## エネルギー消費量の増大と経済成長について

経済成長とエネルギーの消費量は常に正比例しており、エネルギー供給が十分でないところに経済成長は望めないとされています。「幸福度」を追求しているブータンのように、エネルギー消費を抑え、環境負荷の低減に力を入れている国もありますが、経済成長戦略を命題としている諸国からすればブータンの存在は「極めて例外」と言われてきました。

しかし、先進国のなかでも、幸福度ランキングのベスト３（世界幸福度ランキング、二〇一九年）であるフィンランド、デンマーク、ノルウェーなどの北欧諸国では着実に経済成長を遂げているので、「幸福度の向上＝マイナス経済成長」という理解は正しくないと言えます。さらに、これらの国々は、消費税が二〇パーセントを超えている高負担高福祉政策をとっているほか、国民一人当たりの二酸化炭素排出量（二〇一七年）でも先進国のなかでは下位にあり、エネルギー消費量と経済成長が正比例しているとは言えません。二〇〇七年頃から活発になった経済成長を維持しながら、温室効果ガスを削減するデカップリングを北欧諸国などは先取りして実践していることになります。

こうした国の存在を考えると、経済の柱に工業政策を据え、その工業を支えるためにエネルギーの安定確保に追われ続けるというアメリカや中国などの政策は、抜け出すことのできない「底なし沼」に落ち込んでしまったような状態に見えてきます。その一方で、エネルギー依存が過度になる「経済成長病」の先にある世界に気付いて、すでに行動を起している国があるということです。人口規模が小さい国々ですが、グローバル経済のなかで独自路線を歩んでいる点を踏まえると、小資源国家でありながら経済大国である日本は学ぶべきことが多いように思えます。

エネルギー資源をめぐって、人類は二つの大きな世界大戦を経験してきました。多くの犠牲を払ったにもかかわらず、アメリカを中心にした先進国は、産油国が集中する中東に舞台を移してエネルギーが原因と思われる紛争を引き起こしてきました。いまだにこの地区ではテロなどの火種がくすぶり続けています。

アジアでは、中国が海洋資源の確保のために周辺国と小競りあいを続けています。一四億人の人口を抱える中国が現在の経済成長を維持するためには、エネルギー資源の安定確保は絶対に譲れない生命線です。肥大化を続ける中国の動きが、資源エネルギーをめぐってどのような懸念を生み出すのかについて、今後目を離すことができません。

豊かさのために、人類はいったいどれほどの犠牲を払ってきたのでしょうか。「豊かさイコール幸福」でないことを、人類はかなり昔から気付いているはずです。ただ、そこから抜け出したいと思っても抜け出せないでいるだけなのかもしれません。

## 企業の利益優先——自然環境軽視の公害事件

日本を含めた先進国では「公害」という言葉があまり使われなくなったように感じられますが、国と民間企業が連携して自然環境を破壊し、住民の生命を脅かし、健康被害をもたらすような開発行為は世界中で起きている今日的な問題です。前述したように、工場からの排煙が原因による気管支炎で多数のロンドン市民の命が奪われた産業革命こそが、人類が初めて体験した大規模公害であるとされています。企業利益のために、人類を含めた動物、昆虫、魚類までもが取り返しのつかないほど犠牲となった公害の例は、数え上げたらきりがないほど発生しています。

日本における「公害の原点」と言われているのは、銅の製錬過程で発生した排煙、鉱毒ガスと汚染水による「足尾銅山鉱毒事件」です。明治維新から二〇年ほど経った一八九〇年頃のことです。また、大正から昭和にかけては、岐阜県の三井金属鉱業神岡事業所（神岡鉱山）での製錬に伴う未処理廃水によって富山県神通川流域に発生した公害病があります。水銀によるこの中毒は、全身に痛みが走ることから「イタイイタイ病」とも呼ばれ、原因が特定されるまでは「奇病」や「風土病」として切り捨てられ、対策が遅れたために住民に被害が広がりました。公害病として指定されたのは、なんと一九六八年のことでした。

現代に入ってからは、化学肥料の生産過程で使われた水銀による海洋汚染と、汚染された魚を食べたことによる「チッソ事件」があります。一九五六年に熊本県水俣市で発見され、

1895年頃の足尾鉱山

翌年、「水俣病」として公害病に認定されました。このため水俣の海は、浚渫《しゅんせつ》と埋め立てによって事件発覚から四〇年以上過ぎた一九九七年に「安全宣言」が出されるまで、漁は事実上できませんでした。

このような公害被害者への対応が遅れた背景には、公害の原因をつくった企業が住民を雇用するなど地元に経済効果をもたらす構造があり、家族や知り合いなどが働いている会社を訴えにくく、泣き寝入りせざるを得ないという状況がありました。同様の構造が、原発誘致自治体でも引き継がれています。

地域の声が上がりにくいことを背景として、経費削減のために化学品製造企業が工場廃液浄化施設への投資を怠り、人類だけでなくあらゆる生物の生命維持になくてはならない川の水を汚染してしまった事例も多数報告されています。また、大規模農場において、穀物の病害虫退治を目的として大量に散布された農薬で湖沼や河川の生物が死滅したという水質汚染問題は、一九五〇年頃から世界各地で報告されています。

そして、一九九〇年代には、ダイオキシンに代表される「環境ホルモン」による生態系の破壊が大問題となりました。一九九八年には流行語大賞にノミネートされるほどの社会問題になりましたが、最近ではあまりこの言葉を聞くことがありません。しかし、現在でも形を変えて続いているのです。

まさに「現在進行形」と言えるのが、プラスチック廃棄物による海洋汚染です。海面を漂うプラスチック類をクジラなどが呑み込み、消化できず胃に蓄積した結果、最後は捕食できなくなって餓死したというニュースがたびたび報道されています。また、紫外線などによって分解され、大きさが五ミリ以下のマイクロプラスチック（一一一～一一二ページで詳述）が海底に沈澱し、それを捕食する魚介類の生殖機能にダメージを与えるという深刻な事態も起きています。このように汚染された魚を加害者である人類が食べることで今度は被害者となっていくという、「負の食物連鎖」が懸念されています。

自然環境や生態系を破壊することで豊かさを手に入れてきた人類は、地球の生態系の一部であるという事実を突きつけられても、経済成長に目を奪われたまま手をこまねくばかりです。人類が利用するために自然は存在しているのだという外部不経済の考え方を改めないかぎり、人類は自然環境からしっぺ返しを受けることになります。いや、すでにしっぺ返しを受けているのです。

## 地球環境問題は新しい段階へ

人類が経済成長を求め続けた理由は何だったのでしょうか。疫病や飢えに苦しむことなく、人類が等しく幸福を得ることにあったはずです。しかし、経済成長の過程で幾度もの戦争を体験し、ついには人類の最終兵器とも言える核兵器を使用したことによって広島と長崎で数十万人が犠牲となりました。その後、核兵器は「抑止力」という名目で保持され続けて冷戦時代へと突入しました。そして、一九八九年に「ベルリンの壁」が崩壊して冷戦時代は終わりを告げ、世界は経済競争という新しい段階に移りました。一九八〇年初期にグローバリズム経済時代になり、人、金、モノが自由に往き来するボーダーレス時代を迎え、各国から経済の新成長戦略が競うように打ち出されることになったのです。

世界には「新しい秩序が誕生した」という意見もありますが、その秩序というのは、経済成長を競い合うことを意味しています。東西冷戦の終了とともに中国とロシアの二大国が参加したことで、自由経済という名のもとに覇権争いが激化し、「秩序なき経済戦争時代」へと突入した感があります。時代は変わっても成長原資のほとんどが資源エネルギーであり、その大量消費による自然破壊のうえに成り立っている事実から目を背けることは許されません。

二〇一一年に地球の総人口は七〇億人を超えました。その後、先進国から新興国、途上国へと自動車や家電製品など耐久消費財の生産拠点が移り、拡大するに伴って中国などの新興国の経済成長が進み、先進国を凌ぐ勢いで供給と需要の好循環が加速しています。この好循環構造を維持し強化するために求められるのが、絶え間ない資源の投入です。経済拡大路線をひた走る中国が、アジアはもとより中東やアフリカに進出し続けるのは、資源の覇権を手中にすることを国策の柱に据えているからです。

東西冷戦に幕が下ろされてから三〇年が経ち、二〇一八年に地球の人口が七六億に達したわけですが、先進国であるＧ７国が占める人口はその一割でしかありません。また、ＧＤＰについても、二〇年前の二〇〇〇年には約六〇パーセントもあったシェアが現在は五〇パーセントを割っています。それだけ新興国の勢いが増しているということです。

新興国と開発途上国の約六八億の人口が先進国並みの経済成長を遂げると仮定した場合、資源の争奪戦は産業革命以降においてもっとも激しさを増すことになるでしょう。地球温暖化の原因を先進国の経済成長によるものであるとしてきた新興国と開発途上国がすでに新たな温室効果ガス排出国になっている現在、これらの国々の経済成長と温室効果ガスの排出量をどのように抑制していくのか……地球の温暖化問題は間違いなく新しい段階に移っています。

温暖化と資源枯渇という双子の危機到来を予見していながら、経済成長のために自然環境を犠牲にし続けてきた人類に対して、多くの環境学者、科学者、市井の活動グループなどが鳴らし続けてきた警鐘の音は年々強く、大きくなっています。それでも、危機への対応は「赤子の歩み」のように遅々としたものです。「そんなことは知ったことではない」とでも言うように資源を大量に費やし、大量のモノづくりを推進することを最大使命としている企業、そのモノづくりによって国の経済を潤していく政府、ともに「成長」という御旗《みはた》を目標の最先端に掲げている姿勢には、自然環境を犠牲にすることにいささかの躊躇も感じられません。

「人口一〇〇億時代」を間近にして、七六億人の人類が暮らす「一軒家」である「私の地球」は、隅々まで蔓延した経済成長病によって排出された大量の廃棄物で、第二六六代ローマ教皇フランシスコが憂えるように、「私たちの故郷である地球は、ますます巨大なごみの山のような様相を呈しはじめている」のです。

## 地球はゴミの山

### 改善の兆しが見られない地球環境

直面している地球温暖化のために人類がやっていることと言えば、自動車や工場などに対しては排気ガスの規制や省エネ家電の生産と普及の促進、そしてあふれるごみの山については、その分別や排出量を抑制するルールづくりとリサイクルの促進でしかありません。このような小手先の対策をあざ笑うかのように、大気、水、海などの環境汚染が改善されたという報告がなかなか聞こえてきません。

身近な生活環境を見回しても、日常生活でごみが増えることはあっても減ったという実感がもてないのはなぜでしょうか。その理由はとても単純です。ごみ排出削減のルールは手段でしかなく、「何のためにしなければならないのか」という基本的な目的が共有されていないからです。

生産、消費、廃棄という今の社会構造を根本的に見直さないかぎり、環境改善は「絵に描いた餅」でしかありません。それにもかかわらず、手段がいつのまにか目的化して、手段をつくることとそれを維持するために制限や規制の解釈を拡大することに汲々《きゅうきゅう》とし、終着点がまったく見えないまま環境改善という果てしない旅路を歩んでいるかのように見える人類の姿は滑稽としか言えません。

人類がつくり出した膨大な廃棄物が社会にたまるという現象を人体にたとえるなら、血液中に不純物がたまる状態となります。人体の場合は、呼吸器官、消化器官、脳神経などに異常を来して、やがて全身の細胞に栄養分や酸素が行きわたらなくなります。放置しておけば病気発症の原因となり、適正な治療を怠れば死につながります。

今、地球環境で起きている温暖化、異常な気候変動、大気と水の汚染は、人体が蝕まれていく過程と同じです。人体にたとえるなら末期に近づいている症状の可能性すらあるのに、地球が「痛い」とか「苦しい」と声に出して訴えないのをいいことに、何の手当もしないまま放置しているのです。

**誕生から四六億年を経た地球は健康でしょうか**

現在、地球環境は重篤な状態です。人類が病気の場合には、治療するための医療や症状に応じて処方する薬があります。しかし、地球の病気については、いったい誰が治療してくれるのでしょうか。また、どのような薬を処方すればいいのでしょうか。

地球上の生きとし生けるものすべての根源である空気と水は、健全さを保っているとは言えません。過剰な生産と消費、そして大量の廃棄物は地球の浄化能力を超えており、大気と水は汚染された状態で地球の隅々まで広がりつつあります。それは、人類が宿命として抱えている老化や老廃物によって衰弱を続けている細胞の現象と酷似しています。

では、老廃物を取り除きさえすれば問題解決となるのかというと、今のままのやり方ではその答えは「ノー」となります。なぜならば、地球の病気は対処療法では治癒することができないからです。高度な技術による二酸化炭素削減システムも、分別による廃棄物の処理やリサイクルシステムも、当面の対処療法でしかありません。そして、処理しきれなかった環境汚染物質を積み残したまま後世に先送りしているだけなのです。

地球環境を疲弊させ、地球全体を危機に陥れている大気汚染物や廃棄物の発生を止めること、それが人類に課せられた責務であり、それを人類一人ひとりが遂行していかないかぎり、地球環境の改善と再生はありません。そのことを私たちは認識し、行動に移さなければならないことを、今、一軒家である「地球」から突きつけられているのです。

## 科学技術の進歩で人類が得たことと失ったこと

科学技術の進歩は留まることを知りません。水や風など自然のエネルギーだけに依存していた動力が蒸気機関に代わり、手作業による生産が機械化され、高い品質の製品が安く、大量に流通するようになったのも科学技術の進歩によるものです。

安い商品が供給されることによって消費が活発になると、製造業はより高品質でより求めやすい価格の製品開発のために新たな技術を生み出し、供給量を増やすことで需要を生み続けてきました。科学技術の進歩によってもたらされた豊かさを味わった人類は、さらなる豊かさをどん欲に求めはじめ、そしてさらに……人類の欲望《ニーズ》にこたえるために科学技術が答えを出し続ける様子はあたかも麻薬中毒患者のようにも見え、一度はまるとそこから容易に抜け出すことができません。挙げ句の果てには、豊かさを目の前にすると、人類は善悪を判断する思考さえも停止してしまいます。

目まぐるしく入れ替わる新製品、欲望を刺激するコマーシャル、お店に行かなくてもパソコンや電話で日本中はおろか世界中どこからでも注文できるといった通販が普及したことで、自己抑制力、危機意識などの理性や本能が骨抜きされ、退化の一途を辿ることになります。「豊かさイコール幸福」という幻想の虜《とりこ》になった人類の有様を、「理性と本能の退化」と言わずして何と表現すればいいのでしょうか。

## 熱くなる都市、ヒートアイランド現象

東京のような巨大都市では、夏なると昼夜を問わず空気が熱せられ、「ヒートアイランド現象」が発生するようになりました。この現象は、世界中の大都市に共通したものです。その原因はどこにあるのでしょうか。一つは地球温暖化による気候変動の影響を挙げることができますが、都市部における「ヒートアイランド現象」は、科学の基礎知識でもある「エネルギー保存則」とのかかわりがあるのではないかと思います。エネルギー保存則とは、七〇ページで記したように、「エネルギーは変化する」、「エネルギーの量は変わらない」、「すべてのエネルギーは、最後は熱になる」の三つです。

大都市では、巨大なオフィスビルや超高層マンション群、さらに戸建ての家々が密集して軒を連ねており、そこで大量のエネルギーが消費されています。そして、道路という道路は、自家用車や配送用の大小トラックなどで埋め尽くされています。四季を通じてこうした毎日が続いているわけですが、夏になると、家庭やオフィスなどではエアコンがフル稼働します。家やマンション、オフィスビルなどの内部はもちろん快適になりますが、室外機からは熱が大量に放出されることになります。これこそがエネルギー保存則の三番目、「すべてのエネルギーは、最後は熱になる」です。

一九六〇年、一般家庭での普及率がほぼゼロパーセントだったエアコンは、二〇一八年には九

一・一パーセントになっています（二人世帯住宅の場合。内閣府「消費動向調査」二〇一九年参照)。約六〇年で夏がいかに暑くなってきたかを物語っているような伸び率ですが、夏の気温が高くなったからエアコンを買う家庭が増えたのか、それともエアコンが普及したから夏の気温が上昇したのか、ニワトリとタマゴのような関係に思えてきます。

一方、自動車の場合、走行するために消費するガソリンの量はわずか二〇パーセントで、残りの八〇パーセントが熱として放出されています。夏場にかぎりませんが、走行直後の自動車のボディを触ると、ランニング直後のランナーの肌のように火照って熱くなっています。これが、消費したエネルギーが熱となって放出されている証拠です。

繰り返しになりますが、暑くなるからエアコンを使う、そのために都市がさらに暑くなるのでさらにエアコンを使うという状況によって、際限なく都市に熱が放出されているのです。この負のスパイラル現象をつくり出したのが科学技術の進歩だとすれば、やはり人類の理性と本能の退化は否定しようがありません。

### 水と食料は大丈夫か

地球にとっての水は、人間の身体にたとえると血液の役割を果たしています。水がなければ、地球上のあらゆる生命体は存続することができません。さまざまな用途として使用された水は、血液が肝臓や肺によって浄化されるように地中に吸い込まれ、バクテリアなど自然の力によって浄化されたうえでミネラルを蓄えて、再びきれいな水となって蘇ってきます。

昔から水は「天からの恵み」と言われてきました。確かに、雨の降る地域では、水は潤沢に空から供給されています。しかし、地球上に存在する全水量のうち、九七・五パーセントが塩水で、淡水は二・五パーセントでしかありません。しかも、人類が使いやすい地表水はこのうちの約〇・四パーセントなので、実際に利用できる淡水は全水量の〇・〇〇一パーセントしかないとされています。

地球は「水の惑星」とか「青い惑星」と呼ばれていますが、地球誕生時にもたらされた水の総量は、現在に至るまでほとんど変化していないことについてあまり知られていません。天からの恵みであり、「くめども尽きぬ」と思い込んでいる人が多いわけですが、それは大きな勘違いというものです。

日常生活や生産の過程で消費された水は汚水となって川や海へと流れ込み、太陽に熱せられて水蒸気となり、天空で冷やされて雨や雪などとなって大地に降り注ぎ、地中にしみ込んで浄化されて再び地表に現れて川となり、湖や海に流れ込んでいます。人類は、自然の営みによって循環される水を利用してきただけであり、生産されることも増産されることもなく、自然の力で連綿と引き継がれてきた恩恵にあずかってきただけなのです。このような水を、人類は大切に扱っているのでしょうか。決して、そうとは思えません。生活に欠かせない水、農業や工業でもなくてはならない存在であると分かっているのに、なぜ水の汚染問題は後を絶たないのでしょうか。ここにもまた、地球の浄化能力を超えた人類の欲望が影を落としています。

ゴルフ場やリゾート地の開発などで木々を伐採すれば、水源地が荒らされるだけでなく、樹木の保水力や浄化能力が低下することになります。リゾート地やゴルフ場への道路は舗装され、山間部に造成されたゴルフ場などでは、木々を伐採し、斜面を切り崩してゴルファーの打ったボールが転がりやすいように芝が張られて地面が固められます。そのため、降った雨は地中に浸透することができず、地表を滑るように河川に流れ込み、自然の力による浄化時間が短くなってしまうという問題が生じています。

富士山に降る雨や雪が伏流水となって柿田川に湧出するまでに要する時間は三〇年と言われているように、透明で滋味豊かな水になるにはとてつもない時間をかけた自然の営みが必要なのです。

同じような現象を、大都市近郊の「ニュ

柿田川。静岡県駿東郡清水町を流れる狩野川水系の一級河川で、全長は約1.2キロ。日本でもっとも短い一級河川。

ータウン」と呼ばれているところでも見ることができます。一例として挙げられるのが、一九七〇年から一九八〇年の高度経済成長期に丘陵地帯を中心にして開発されたニュータウンです。これらの住宅の基礎はコンクリートで固められ、生活道路である坂道は完全に舗装され、ひとたび大雨でも降ろうものなら道路幅いっぱいに雨水が勢いよく流れ、下水はあふれ、大量の汚水が怒濤のように川をめがけて流れ込んでいきます。

短時間に大量の水が一気呵成に流れ込むことで、時間雨量が河川の許容量を超えて氾濫し、堤防崩壊による大災害が毎年のように発生しています。このような現象も自然の摂理を無視した土木工事によるものであり、まさに人災であると言えます。

水といえば、食糧生産の要である農業用水も大きな問題に直面しています。営農に欠かすことができない水ですが、灌漑による水のくみ上げも水不足の原因になっているという指摘があります。これらは人口増加に伴う食糧増産を迫られている中国で報告されていますが、広大な田畑に水を供給するための灌漑用ダムなどによって川の上流部で水を過剰にくみ上げたために下流部で水の流れが断たれてしまうという現象、いわゆる「黄河断流」が一九九〇年代に起きました。それればかりか、灌漑によって地表に水を撒き続けると、撒いた水が干上がって塩害の原因となっている地域もあります。ひとたび塩害に侵されると農作物を育てることが難しくなり、そのまま放置され、砂漠化につながることになります。

食糧を得るための灌漑が食糧生産を阻害することになるとは、なんとも皮肉な話です。しかし、現実に中国大陸では、川の上流部で砂漠化が進んでいます。さらに、砂漠を豊かな緑の土地に改良するために、保水力を高める植林が有効であるという意見が聞かれます。日本のように夏期には亜熱帯気候になり雨の多い国土では、ブナなどの植林は「自然のダム」と言われているように有効とされていますが、元々降水量の少ない砂漠地帯で植林するとその木々によって貴重な水が奪われることになり、かえって砂漠化が進むといったケースも報告されています。

有り余るほどある海水を淡水に変えればいいのではないかとする発想もありますが、そう簡単な話ではありません。海水を淡水化するためには大量の資源エネルギーが必要ですし、莫大な費用がかかるとともに温室効果ガス排出量の増加にもつながるという「やっかいな問題」があるからです。

## 「沈黙の春」から「沈黙の海」へ

### 農薬使用のツケ

レイチェル・カーソン（Rachel Louise Carson, 1907〜1964）が一九六二年に『沈黙の春』（青樹梁一訳、新潮文庫、一九七四年）を著し、農薬による地球上のあらゆる生物（人類を含めて）

への悪影響について警鐘を鳴らしてから半世紀以上が経っています。農作物の大敵である害虫を駆除するために散布した大量の農薬によって益虫や益鳥までを駆除することになったほか、農業従事者や汚染された食べ物を摂取した人類にまで被害が拡がりました。農薬使用のツケは、生態系を壊すことにつながっただけでなく、回り回って人類にまで降りかかってきたのです。この本がきっかけとなって、自然界に残留し、食物連鎖によって凝縮されていく物質を含む農薬の製造が禁止されました。

農薬を使いはじめた当時は、自然環境を悪化するとか、人体に遺伝的な影響を与えるといったことについて十分な解明が進められていなかったわけですが、これら一連の問題は、農作物の生産性を高めるために農薬会社と農業行政によってもたらされた「公害」の一つです。現代では農薬の安全基準が厳格になり、適正な使用を守れば危険性はないとされていますが、薬である以上、毒性があることに変わりはありません。

農薬に代わって、害虫に強い遺伝子組み替えや神の領域にまで踏み込んだとされる遺伝子情報そのものを操作するゲノム編集による農作物も生産されていますが、ゲノム編集された植物の遺伝子が自然界にどのような影響を与えるかについては解明されていないことが多く、不安視する声が上がっています。

科学技術の進歩によって作物の生産性を高めることは可能でしょうが、農作物の実りを当てにして命をつないでいる虫、その虫を捕食している鳥や動物たちは農薬を使用したときと同じように遺伝子の継承が断ち切られ、その影響がいつの日かめぐりめぐって人類に回ってくる可能性は否定できません。

間違いなく言えることは、地球は人類だけの「住みか」ではないということです。自然の輪廻が豊かな緑を育て、水を浄化し、豊穣な大地に育て上げるからこそ、人類はそこから収穫の喜びを享受することができるのです。効率化や生産性の向上のために虫や鳥を排除するというのは、人類の傲慢さでしかありません。

このような「沈黙の春」は現在も続いており、その舞台を海へと移しつつあります。

## プラスチック廃棄物が生む公害

石油から生まれた合成樹脂、プラスチックは二〇世紀の人類生活を大きく変えた発明の一つです。発明から一世紀以上が経って、プラスチックは今や日常生活においてなくてはならないものとなりました。決して大袈裟な表現ではなく、今、身の周りからプラスチック製品を排除したら、間違いなく朝起きてから夜寝るまでの生活が成り立たないでしょう。

もっとも身近なプラスチック製品の代表的なものと言えばレジ袋です。一九六〇年代までは、買い物に出掛けるときは布製の袋や竹で編んだ買い物かご、デパートなどの紙袋を持っていくか、鍋などを持参するというのがごく普通の買い物スタイルでした。店側も、野菜や魚はほとんどが「ばら売り」か「裸売り」で、商品を包むのは新聞紙やスギやヒノキを紙のように薄く削った経木でした。私も、母親に頼まれて豆腐を買いに行くとき、蓋付きの鍋を持って豆腐屋に行ったことを覚えています。

このような買い物風景が、スーパーマーケットの登場によって様変わりしました。家庭に冷蔵庫が急速に普及したこともあって一度に買う量が増え、それに対するサービスの一つとして一九七〇年頃から提供されはじめたのがレジ袋です。さらに、商品を展示しやすく手に取りやすいように、一品一品を容器に入れてラップで梱包して販売するようになったのもスーパーマーケットでした。これらを可能にしたのがプラスチックです。

それまで使われてきた自然由来の素材に取って代わり、プラスチック素材は包装紙、ペットボトルから食器や保存容器、衣類、文房具、おもちゃ、家具類、家電品、住まいの壁や床、自動車のボディや内装、医療器具など、ありとあらゆるところに使われています。その特性は、加工がしやすくて品質が均一で、軽くて丈夫であることに尽きます。また、大量生産が可能なために価格が低く抑えられるなど、素材としては革命的とも言えるものでした。そのプラスチックが「マイクロプラスチック」という聞き慣れない物質となって、農薬と同じように海の生物に静かな脅威を与えつつあります。

プラスチック樹脂製の植木鉢やプランタンをベランダなどに置いて長期間使っていると、表面が色褪せ、何かの拍子に持ち上げたりするとボロボロに崩れてしまうといった経験をしたことがあるでしょう。プラスチックの原料である石油は、地中深くに数億年もの間、閉じ込められた植物や動物などが腐って液化したものです。その生物たちは、太陽光によって育てられたものばかりです。ですから、石油からつくられた合成樹脂は、基本的に太陽光（紫外線）を浴びると劣化するという性質をもっています。

使い捨てたレジ袋やプラスチック容器などが海や川などに長時間浮かんでいるという風景をよく見かけます。これらが紫外線を浴びると劣化して脆く分解され、大きさが五ミリ以下になったのが「マイクロプラスチック」です。

さらに、化学繊維であるフリース素材の衣服を洗濯すると、細かい繊維が下水に流れ出してそのまま川から海へと運ばれていきますが、これもマイクロプラスチックです。このほかにも、台所などで使うプラスチック製のスポンジも、食器などをこすればマイクロプラスチックとなって下水に流れ出していくことが分かってきました。

廃プラスチックの山・フランス、ナント市（出典：前掲『人間とごみ』173ページ）

これらのマイクロプラスチックを海の生物がプランクトンなどと一緒に体内に取り込むと、消化することができず消化器官にそのまま残ってしまい、やがて餌をとることができなくなって餓死してしまいます。また、プラスチックには製造過程で有害な化学物質が含まれているものがあり、その化学物質が生殖機能に悪影響を及ぼす「環境ホルモン」となって生態系にダメージを与えることも懸念されています。

自然界に存在していなかったプラスチックをごみとして廃棄することで自然環境や生態系に重大な被害をもたらし続ければ、最終的には、深刻となりつつある食糧危機をさらに悪化させることになります。農薬散布による自然破壊に警鐘を鳴らしたのはレイチェル・カーソンの「沈黙の春」でしたが、このままプラスチック廃棄物によって汚染が進むと、新たに「沈黙の海」が現実になる恐れがあります。

## 国際社会は脱プラスチックへ

二〇一七年六月、海の持続的な利用を図るために開かれた国連の海洋会議で、プラスチックによる海洋汚染が取り上げられました。議論の中心は、川や海に流れ込むマイクロプラスチックを減らしていくことと、その根源を絶つことでした。そのために、プラスチック製のコップやストローを紙製品に切り替えること、さらにレジ袋を有料化して規制すること、またプラスチック素材として、石油に由来しないバイオマスのプラスチックや自然界の微生物によって分解される生分解性プラスチックへの転換が求められました。

二〇一八年のＧ７では、脱プラスチックに向けた「プラスチック憲章」の署名が行われました。しかし、プラスチックごみの総合量で三位のアメリカと五位の日本は署名しませんでした（二〇一八年、国連環境計画報告書「シングルユースプラスチック」[Single-use Plastics：A roadmap for Sustainability］参照）。

同報告書によると、日本人一人当たりのプラスチックゴミの廃棄量は三二キログラム（年）で、アメリカに次いで二位となっています。日本政府は、署名しなかった理由としてプラスチックごみのリサイクル率が八六パーセント（単純焼却・埋め立て一四パーセント）であること（二〇一八年の経済開発機構の報告）を根拠に挙げていますが、その内訳を見ると、果たしてリサイクルと言えるかどうか疑問が浮き彫りになります。

プラスチックごみのリサイクルには、「マテリアル（再資源化）」、「ケミカル（化学処理で原料に戻して再利用）」、「サーマル（熱回収）」の三つのリサイクル方法があります。日本でのリサイクルの内訳は、マテリアルリサイクルが二四パーセントありますが、このなかには資源として中国に資源輸出（現在、中国は輸入を禁止）している一六パーセントが含まれていますので、実質的には八パーセントに留まっています。一方、ケミカルリサイクルは四パーセントで、残りの五八パーセントはサーマルリサイクルとして焼却し、その熱は発電（通称、ごみ発電）や蒸気として利用しています（プラスチック循環利用協会「プラスチック製品の生産・廃棄・再資源化・処理処分状況」二〇一七年を参照）。

貴重な資源の五八パーセントを焼却処分していること、またプラスチックごみを焼却すると温室効果ガスが排出されることを考えると、リサイクル率八六パーセントという数値には説得力がありません。サーマルリサイクルが五八パーセントを占めている理由は、プラスチック廃棄物を資源とごみに分別するために手間と経費がかかるため、一括して処理をせざるえないからです。

日本では、政府の指導のもと、二〇二〇年七月一日からレジ袋の有料化制度がスタートしましたが、一枚二〜三円という値段で減ることはないでしょう。一〇〇〇円以上の買い物をする人が、二円とか三円をケチるということが考えられないからです。

また、レジ袋の有料化によって、プラスチック問題に消費者がどこまで気付くかは大いに疑問です。今やＥＵなどでは、レジ袋の提供を禁止し、プラスチックを基調とした社会構造そのものを見直す「脱プラスチック」という流れができつつあります。これに対する日本の対応は、資源エネルギー時代の省エネ技術と同じように、まだプラスチックのリサイクルにこだわっており、時代に取り残されたような無力感があります。日本のプラスチック廃棄物への取り組みは、国際社会に対して胸の張れるような対策とはとても言えません。

# 第5章

# 次世代へ、今果たしておくべきこと

## ――立ち止まれ、振り返れ

「持続可能性を達成するには、〝資源の管理〟から、〝私たち自身の管理〟へと、問題意識の重点を移すこと、また、自然界の一員としての私たちの生き方を学ぶことが必要である」

(マティース・ワケナゲル、ウィリアム・リース『エコロジカル・フットプリント――地球環境持続のための実践プランニング・ツール』・和田喜彦監訳・解題、池田真里訳、合同出版、二〇〇四年、二八ページ)

## 買いたい、買い替えたいが止まらないショッピング脳

　ちょっと身の周りを見てください。私たちの暮らしは何とモノであふれていることでしょう。デザインや型が古くなると新製品に目を奪われ、「修理して使い続けるよりは新製品のほうが安くてお得ですよ」という言葉巧みな店員の説得に負けてしまいます。なかでも、電化製品などの場合は、メーカーが製造を打ち切ってから一定年数を経過すると修理するための部品を処分するため、修理もできなくなります。また、修理できたとしても、修理代と部品代よりも新製品を買ったほうがおトクということもあって、四～五年も使って具合が悪くなれば買い替えたいと思ってしまうというのが一般的な消費者心理です。

　思わず、一九六〇年代に製造された電化製品が懐かしくなりました。あのころ、町にある電気屋さんは元気でしたし、電化製品を売るだけでなく、電気についてさまざまなことを教えてくれました。

　洋服なども同じです。一年前に買って、あまり袖を通していないワンピースが、翌年には魅惑的なタレントを起用したコマーシャルによって「流行遅れ」にされてしまいます。そういえば、こんな話を聞いたことがあります。

フランス人は、部屋の中に大きな洋服ダンスをもたないと言います。なぜなら、春夏秋冬を通して服は一〇着あれば足りると考えているからです。フランスといえば最新ファッションの発信地ですから、さぞかし取っ替え引っ替え新しい服を買っているのだろうと想像してしまいますが、真のオシャレとは気に入ったものを着こなすことであり、無駄にいろいろな服を買い集めることではない、ということのようです。現在でもフランス人にこうしたファッション習慣であるかどうかは知りませんが、このような成熟したライフスタイルにエスプリを感じてしまいます。

まだ傷んでもいないし、十分に着ることができると頭で分かっていても、一度すり込まれてしまった「流行遅れ」というネガティブ意識に勝てない、また世間の目も気になってしまうといった「ショッピング脳」をつくるのが売り手側の商品戦略であり、広告戦略です。エネルギー消費が経済成長のエンジンであるなら、消費者による新製品を買いたい、買い替えたいという「ショッピング脳」は、経済成長を加速するアクセルのような存在に思えてきます。このような心理は、他人に比べて遅れたくない、「追いつけ追い越せ」という競争心のあらわれかもしれません。

そんな気持ちや行為が不合理であることを頭で分かっていても、つい誘惑に負けてしまうというのが「ショッピング脳」の怖さです。まるでハーメルンの笛吹き男に誘われるように、あるときは電気量販店へ、あるときは自動車の展示場へと足を運ぶ姿、何とも不可思議な光景です。

使えるのに廃棄される電化製品、乗れるのに廃車に回される自動車、それほど長く着ていなくても使い捨てとなる大量の洋服たち――これらの無駄な消費行動が経済を支えていることは間違いありません。それが自然環境への負荷につながっていることに気付いておきながら、立ち止まることができないのはなぜでしょうか。

## 大量生産、大量消費、大量廃棄と決別することができるか

### 消費が支える経済構造の見直し

第1章で紹介したブッシュマンが生活しているアフリカの大地、ペットボトルを高価なモノとして返しに来たアマゾン奥地に暮らす先住民、彼らが住んでいる地域には、生きていくために必要最小限のモノ（家、食べ物、火、衣服など）しかなく、無駄なモノを見つけることはできないでしょう。それに比べて、私たちの周りはなんとモノであふれていることでしょう。レイモンド・チャンドラー（Raymond Thornton Chandler, 1888～1959）が書いた有名なハードボイルド小説『ロング・グッドバイ』（村上春樹訳、早川書房、二〇〇七年）に、主人公の探偵と腐れ縁の警部補がタバコに火をつけ、少し吸ってやめてしまうというシーンがあります。そして、次のように話すのです。

「吸いたいともとくに思わなくなってきた」と彼は言った。
「テレビの広告のせいかもしれない。広告を見ているとその商品を買いたくなくなってしまうんだ。あいつらは大衆というものを馬鹿の集まりだと考えているんじゃないかな。白衣を着て聴診器をぶら下げたどっかの男が、阿呆面さげて歯磨き粉やら、煙草の箱やら、ビール瓶やら、マウス・ウオッシュやら、でぶのレスラーだってライラックのにおいにすっぽり包まれてしまうという何かの小箱を手に掲げるたびに、その商品だけは買うまいとぞと、おれは心に決めるんだよ。（前掲書、五二七ページ）

アメリカをはじめとした先進国でテレビコマーシャルが本格的にはじまったのは一九四〇年代とされています。それまでは新聞や雑誌の広告で得ていた商品情報が、リビングにあるテレビのスイッチを入れるだけで動画となって一方的に押し寄せてくるようになりました。『ロング・グッドバイ』が書かれたのは一九五三年ですから、まさにアメリカでは、このような風景が日常になっていたことがうかがえます。

テレビコマーシャルに毒づいている警部補からは、何が何でも商品情報を押しつけようとする商業主義と、テレビという映像と音声によって、津波のように押し寄せる情報に辟易《へきえき》としている様子を見て取ることができます。とはいえ、警部補が乗っている自動車がガソリンをまき散らして走る燃費の悪いフルサイズカーであることや、モデルチェンジを繰り返し、大量生産、大量消費、大量廃棄の底なし沼のような無間地獄にはまってしまっていることまでには頭が回っていないようです。

翻って、現在の社会はどうでしょうか。『ロング・グッドバイ』に描かれている警部補を笑うことはできるでしょうか。一日中押し寄せてくるコマーシャルに対して消費者は完全に無防備で、自ら心のバリアを外してしまっているかのように思えます。

もちろん、テレビのスイッチを切りさえすれば静かな日常を手に入れることができるのですが、情報が流れてくるのはテレビだけではありません。通勤電車の中や繁華街に建つビルの壁に仕込まれた大型ビジョンといったように、至る所から雨あられのように降り注ぎ、欲望を刺激してきます。かなり頑張って自制心《ブレーキ》を利かせても、価格が安い、今を逃すとチャンスがないという惹句《じゃっく》に乗せられて不要不急な商品を無意識のうちに買い求めてしまう、それが私たちの日常なのです。

## 「消費は美徳」の先に待っていたこと

日本では、国が率先して国民を消費行動に向かわせようと囃し立てたスローガンがありました。それは、一九五〇年代末から一九六〇年代初頭にかけて登場した「消費は美徳」という言葉です。一九四五年に敗戦を迎えるまでの日本はまったく逆で、「欲しがりません勝つまでは」と「ぜいたくは敵だ」が美徳とされ、無駄な消費に対して国民は強い罪悪感を植えつけられていました。そんな意識のバリアを一気に打ち破ったのが「消費は美徳」でした。

この言葉は、国民に「消費しないことは悪である」と吹き込みながら洗脳し、まさに日本人の消費意識を一八〇度逆転させました。日本政府の狙いが見事に当たったのは、それ以後の経済成長を見れば一目瞭然です。

「美徳」という魔力に操られ、折しも一九六〇年の池田勇人内閣が打ち出した「所得倍増計画」の喧伝に乗せられた日本国民は、かつての罪悪感から解放され、崩壊した堤防から流れ出す濁流のごとく「大量消費」に向かいはじめました。

消費意欲が向かった先は、一九五〇年代後半の三種の神器（テレビ受像機、電気洗濯機、電気冷蔵庫）にはじまり、一九六〇年半ばの３Ｃ時代（自動車《カー》、カラーテレビ、クーラー）へと引き継がれ、内需の高まりと輸出の増大によって日本がＧＮＰ（現在のＧＤＰに該当する）で世界二位になったのは一九六八年のことでした[1]。

一度動き出した大量生産、大量消費、大量廃棄という経済構造は、現在でも変わることなく連

---

（１）　ＧＮＰとは国民総生産の意味で、ある一定期間、国民によって生産された商品などの儲けの総額で、ＧＤＰとは国内総生産の意味で、「国内」で生み出された商品などの儲けの総和のことを指し、国内にある海外企業の利益も含まれます。どちらも経済規模を表す指標ですが、日本はＧＤＰを使っています。

綿と続いています。まさか、今どき「消費は美徳」などというスローガンを信じている人はいないでしょうが、節約に取って代わってはじまった大量消費の行き着いた先が地球温暖化そのものの姿です。

## 経済成長主義で歪む社会

### グローバリズム経済の誕生

日本をはじめとする先進国に共通する大量生産、大量消費を基盤にした経済成長主義は、それぞれの国内に留まるだけでなく、世界に市場を求めて拡大し、グローバリズム経済へと発展しました。一見すると、市場の拡大は経済規模の拡大につながるといった利点ばかりに目を奪われがちとなりますが、同時にさまざまな歪みを生み出したことを忘れてはいけません。その一つが、国内消費が活発になるにつれて労働者の賃金が高騰し、人件費が企業の利益を圧迫するようになったことです。そこで、より高い利益を確保するために選んだ解決策が、生産拠点を人件費の安い海外へ移転することでした。

日本では、一九八〇年代になると、製造業を中心に生産拠点を賃金の安い韓国に求めはじめました。その韓国が先進国からの投資による経済成長で人件費が高騰すると、次は東南アジアの国へ、そして経済開放政策に転じた中国へと生産拠点は変遷していきました。人・モノ・資本《かね》が国境を越えるというボーダレス化の動きは、日本をはじめとしてアメリカやEUのドイツなども同じで、二〇〇〇年代になって中国が「世界の工場」となりました。そして、二〇二〇年一月に発生した新型コロナウイルスのパンデミックでは米中間の貿易摩擦に発展するなど、グローバル経済の歪みは国際秩序の混乱へと姿を変えつつあります。

国際競争力が高まるなか、輸出に依存する多くの日本企業は、海外の安い人件費によってコストを下げる経営政策をとってきましたが、一九九〇年のバブル経済の崩壊によって財務が悪化し、次に手をつけたのが国内における人件費の抑制でした。まず、日本独特の年功序列や終身雇用から能力主義に転じ、政府は、賃金の高い正規社員に代わって派遣社員やパートなどといった非正規社員を雇用しやすくする「労働派遣法」などの改正に踏み切る規制緩和を推し進めました。これらはすべて、流動的な国際経済の景気変動に対応して、人件費をコストに組み込むことで雇用を「調整弁」として使えるようにすることが目的でした。

その結果、同一の労働でありながら正規と非正規社員との間に賃金格差が生じ、一九八九年に一九・一パーセントだった非正規率は、二〇一九年には三七・九パーセント（総務省統計局「労働力調査」二〇一九年を参照）を占めるようになり、低賃金のために蓄えもできず、いつ解雇されるか分からないという将来不安によって結婚ができないという男女が増えています。

正規と非正規との間には明確な格差が生じており、結婚だけでなく、安心して子どもを産むことができないという家庭も増加しています。二〇〇〇年代になってから日本経済が一パーセント台の低成長期に入ると同時に物価が上がらないデフレ状態から抜け出せないでいるのは、収入が不安定で将来的な不安から買い控え気運が強まり、ＧＤＰの六〇パーセントを占める消費の冷え込みが原因であると言われ続けています。このような状況も、行きすぎた経済成長至上主義による歪みのあらわれと言えます。

もう一つ、経済成長がもたらした現象として挙げられるのが、日本、ＥＵ諸国などにおける先進国の急速な少子高齢化です。経済成長と少子高齢化の関係性については議論のあるところですが、とくに先進国の少子化の原因としてしばしば指摘されていることは、経済的な豊かさによって生活が成熟していくと子育てよりも夫婦二人の生活を楽しむといった傾向が強まる点です。結婚というステレオタイプな選択から、生涯独身で暮らすという男女が増え、パートナーとともに暮らす場合でも、子どもをつくらずに働く「ダブルインカム・ノーキッズ」で、子どもに煩わされることなく夫婦二人の充実感を優先したライフスタイルを選ぶようになり、それが少子化を加速することにつながっています。一概には言えませんが、「子をもつ幸せと子をもたない幸せ」の選択肢が、夫婦間の新しい価値観として定着していると思われます。

少子化の傾向が早くからはじまったＥＵ諸国では、不足する労働人口を移民の受け入れで補ってきました。しかし、移民と自国民との間には常に経済格差が伴い、移民二世、三世の代になって、差別されてきた不満の捌け口がテロ事件へとつながり、社会不安の原因になっています。

先進国のなかで例外的に少子化が進んでいないアメリカでも、移民に仕事を奪われるとして「移民排斥」という保守的な動きが強まっています。また、多様性を重視してきたドイツでも、自国優先を掲げる保守勢力が国民の支持を集めるといった傾向にあります。こうした変化を受け、国境を越えて人・モノ・資本が自由に往き来するボーダーレス化がカオス状態を招き、グローバリズムと自由主義経済下での経済成長主義が終焉を迎えようとしているのではないかという議論が活発になりつつあります。

## 変化する消費行動

筆者は広告のクリエティブ関係の仕事に携わってきましたが、二〇〇〇年代に入ってしばらくしてから広告の世界にも大きな変化が起きました。それまでのテレビコマーシャルや新聞広告は、業種も商品も多種多様でした。とくに家電業界は、番組提供スポンサーとしてもテレビや新聞への広告出稿量で群を抜いていましたが、現在はその面影がまったくありません。

家電製品は、かつてのようにエポックメイキングの新製品が発売されることもなく、家庭での普及率が限界まで来ていることもありますが、このような傾向は消費財全般に共通したものとなっています。それに伴ってメディアの力関係も様変わりしました。かつては「三大メディア」と言われたテレビ、新聞、ラジオなどはすっかり影が薄くなっています。その引き金となったのが、インターネットの普及などによる通信販売です。

「第四次産業革命」とも言われるＩＴ産業は、モノ、時間、場所などといった既存の市場概念を覆し、消費行動や流通構造などを一変させました。店舗を必要としないインターネット市場では、消費者は買い物のためにわざわざ出掛ける必要がなくなり、二四時間いつでも利用することができます。従来のメディアとの根本的な違いは、マスを相手にしていたコミュニケーション手法がパーソナル化し、しかも個人の消費志向や性別、家族構成などのライフスタイルに合わせて、双方向的に情報のやり取りができるようなったことです。

消費者側にとっては、自分が必要とする情報を確実に手に入れることができ、売り手側にとってはターゲットを絞りやすく、無駄が省けるので販売効率がアップします。また、インターネットは生産地と消費者の距離をなくしました。パソコンやスマホさえあれば、日本国内だけでなく世界中どこへでも注文をすることができ、最速で注文当日に商品が届くようにもなりました。

現在では、インターネット市場で買えない商品はほとんどありません。これまでのような「生産→流通→店舗」といったリアル（現実）市場から、生産と消費をダイレクトに結ぶバーチャル（仮想）市場へと変貌を遂げたわけです。

サイバー空間では、「グローバリズム」とか「ボーダーレス」という言葉ですら過去のものとなりつつあります。ＩＴ関連技術は、より早く、より先へと日々進歩しており、外国語が読めなくても人工知能（ＡＩ）が搭載された翻訳ソフトで瞬時に母国語へと変換することができるため、地球そのものの時空間すらなくしてしまいました。

便利でいいことばかりのように見える現代社会ですが、必ずと言っていいほど「歪み」が潜んでいるものです。インターネットの利用が高まるに従って顕著になった例が、パソコンなどを使うことができないＩＴ弱者を生み出したことです。

かつて、スーパーマーケットの進出によって小売店が淘汰されたように、今度はスーパーマーケットがインターネットショッピングの普及で淘汰される立場になりつつあります。とくに少子高齢化で住民減少が進む都市部の集合住宅や団地では、スーパーマーケットが採算割れで撤退するといったケースが目立っています。これによって、インターネットでの買い物が思うようにできない高齢者が買い物弱者となっているのです。

少子高齢化がさらに深刻化することが避けられない現実を考えると、こうした弱者を生み出す現象ははじまったばかりであり、モノはある、お金もあるのに買えないという状況がこれから本格化していくと考えなければなりません。

## 自動車と人類との蜜月《ハネムーン》時代の終焉

### 進む自動車離れ

自動車（乗用車、トラック、バス）の普及台数は世界全体で約一三億七〇〇〇万台（一般社団法人日本自動車工業界「主要国四輪車普及率」二〇一七年参照）に上り、そのうちの二億七〇〇〇万台をアメリカが占めています。アメリカは、保有台数だけでなく一台当たりの走行距離が最高位に位置していますが、燃費効率では最下位となっています。

このような自動車大国アメリカで一世紀にわたって続いてきた、自動車との蜜月時代が終焉に近づいていると言われています。若者の自動車離れによって、保有台数の伸びが頭打ちになっているのです。その背景として、都市化によって職住近接が進み、移動手段としての自動車利用が減少していることが挙げられます。このような現象は、アメリカだけではなく先進国全般に言えることです。

二一世紀初頭までアジアの自動車王国であった日本でも、大都市における若者の自動車離れが急速に進んでいます。首都東京では、一世帯当たりの自家用乗用車（登録車と軽自動車の合計）保有率が〇・四四五（一般社団法人自動車検査登録情報協会「自動車保有車両数統計書」二〇一九年）となっており、二世帯に一台を切っています。雇用の不安定化で収入減となり、自動車を維持するための燃料費、駐車料金、保険料といった費用を負担するだけの余裕がなくなったことが理由の一つとして挙げられていますが、都市交通の発達と慢性的な渋滞による移動の非効率性が、合理的で現実思考の若者に敬遠されているとも言われています。

それでも、休日のドライブや帰省時などにおいては依然として根強い人気があるようです。しかし、そのために自動車を所有するのではなく、必要に応じてレンタカーやカーシェアリングを利用するといったユーザーが着実に増えつつあり、、車に対する意識変化が保有台数の減少を後押ししていると考えられます。ただし、こうした傾向は、主として都市化が進み、公共交通が充実している地域に見られることで、移動手段がかぎられている小規模な都市や町ではやはり自動車が主な足となっています。

先進国での自動車離れが進むなか、自動車の販売台数が伸びているのが中国です。保有台数は二億一五〇〇万台で、その内訳を見ると、乗用車が約一億八〇〇〇万台（前掲「主要国四輪車普及率」二〇一七年参照）と全体の約八五パーセントを占めており、中国における乗用車普及がいかに急速であるのかが分かります。

ただし、人口約三億三〇〇〇万人のアメリカに対して、中国の人口は四倍以上となる約一四億人ですから、人口比からすると保有台数が多いとは決して言えません。それでも、二〇一〇年の保有台数が約六二〇〇万台だったことを考えると、わずか七年で三倍に増加したわけですから、やはり驚異の伸び率と言えます。最近の経済成長率の低下でこの伸びも鈍化が予想されますが、人口の多さを考えると潜在需要は依然として多いと言えるでしょう。

## 都市生活の新しい移動手段は

都市交通体系を見直す動きが活発なＥＵ諸国などでは、移動の足として自転車の利用促進に力を入れています。代表的なのが、オランダ、デンマーク、ドイツなどの国々です。これらの国では自転車へのプライオリティが高く、自転車専用道路のネットワークが国中に張りめぐらされているほか、都市部の一般道でも、自転車優先道路の整備とともに自転車専用信号を設置し、常に自転車利用者の安全を優先する政策を積極的に取り入れています。

自転車は二酸化炭素を排出しませんし、騒音もありません。渋滞の解消にもつながりますし、健康増進にも効果があるなど、これまでの自動車中心社会を見直すだけの必要十分条件が備わっています。大きな荷物などの運搬には適しませんが、ヨーロッパ諸国のアパートでは家具などが備え付けになっている場合が多く、日本のリアカーならぬ、フロント部分に大型の籠を備えたカンガルー型自転車に身の周りの荷物を積んで、気軽に引っ越すという若い夫婦の姿も見られます。

## COLUMN　狭い日本そんなに急いでどこ行くの？

1973年に流行したこの全国交通安全運動の標語を、知る人もすっかり少なくなりました。モータリゼーションの波に乗って、我も我もと自動車を買い求め、乗りまくっているマイカー族をちくりと皮肉り、当時かなり話題になった標語です。日本の経済成長が飛ぶ鳥を落とすほどの勢いを示し、戦後の荒廃した都市や社会が奇跡の復興を遂げていくなか、この標語には、時代に流され、何かを見失いつつあった国民に、「ちょっとクールダウンして、足下を見つめてみよう」という思いが込められていました。

広い大地をもつアメリカやヨーロッパで生まれた自動車が、狭い日本で同じように移動手段として普及していくことは、ある面、不自然さを秘めていました。この標語が生まれたのは、交通事故がうなぎ上りに増え、路上での違法駐車が社会問題になるなど、モータリゼーションの弊害が深刻になりはじめていたときでした。

コンパクトに設計された都市街区内を移動するために、自動車を利用するほど不合理なことはありません。自転車を利用することによって生み出された生活は、環境悪化に敏感な若者や女性に歓迎され、それを受けて日本の行政も、自転車優先の道路建設を進めるようになっています。自転車利用者の安全を確保するために、自動車を郊外の駐車場で公共交通機関に乗り換えさせ、中心市街地への乗り入れを制限するなどといった規制も厳しくなりつつあります。

自転車の活用に力を入れている国の実情を数字で見てみましょう。二〇一六年に発表された国土交通省の「自転車交通」によると、人口一〇〇人当たりの自転車保有台数（自転車産業振興協会「統計要覧」二〇〇九年参照・括弧内は統計年数）は、オランダ（二〇〇八年）が一〇九、ドイツが八五（二〇〇八年）、デンマークが七八（二〇〇一年）と続き、日本は六八（二〇〇五年）で六位となっています。代表交通分担率（主に使用している移動手段）で自転車は、オランダが二七パーセント、デンマークが一九パーセント、日本は三位で一三パーセントと高位につけています。ちなみに、自動車大国のアメリカはわずか一パーセントにすぎず、先進国では最低となっています。

　自動車利用が多かったパリ市でも自転車の有効性が認められており、今や市の中心部は、市民が自転車で走るという姿が新しい風景となりつつあります（前掲「統計要覧」の「Cycling in Nether land（欧州）2009」、「H

**アムステルダム市内の様子**（出典：水色の自転車の会編『自転車は街を救う』新評論、2002年、89ページ）

22全国都市交通調査（日本）」、「米世帯トリップ調査（アメリカ）2009」参照）。

### コンクリートとアスファルトの都市――その弊害

二〇〇〇年、地球の温暖化が進行するとともに、夏になると頻繁にマスコミに取り上げられるようになったのが「ヒートアイランド現象」です。直訳すると「熱の島」となりますが、この現象が注目されるようになったのは以外と古く、産業革命から一〇〇年ほど経った一八五〇年頃のロンドンとされています。

夏になると、大都市を猛烈な暑さが襲い、竜巻や大雨などといった異常気象の引き金となっています。高層ビルや道路など、コンクリートとアスファルトで固められた構造物が昼間の熱をため込み、夜間になっても熱気が都市を包むようになりました。昼間の最高気温が三五度を超える「猛暑日」が年々増える傾向となっており、夜の最低気温が二五度を超える「熱帯夜」も大都市では当たり前となっています。連日の熱帯夜で、高齢者を中心とした熱中症による死亡者が頻繁に報告され、気温そのものが人類の生命を奪う極めて危険な存在となっています。

自動車、オフィスビル、そして家庭のエアコンから排出される大量の熱が高層ビル群に囲まれた空間に淀むことで、さらなる気温上昇を招くという悪循環に陥っており、熱っせられた空気が上昇気流となり、上空の冷たい空気に触れて突風や竜巻、そしてゲリラ豪雨となって生活を脅かしています。事実、最近一〇年ほどの間にゲリラ豪雨や季節外れの雹《ひょう》などが降ることが多くなっており、毎年のように家屋や農作物に被害が発生しています。

これは自然災害ではなく、人工的につくられた典型的な都市災害です。この異常気象は、高層ビルが林立し、人と自動車が集中する都心部において顕著に現れており、同じような都市であれば世界中のどこでも起こりうることですから、今後、警戒が必要となります。

自動車優先社会では、ほとんどの道路が舗装されています。夏の日差しを受けた道路は、その表面温度が六〇度から七〇度に上るとされています。雨が降っても水が浸透することがなく、その多くが下水および雨水に流れ込んでしまうので、晴れると路面がすぐに乾燥してカラカラとなり、道路の表面温度はすぐに元の熱さに戻ってしまいます。

次々に建築される高層ビル群によって地表の緑が剥ぎ取られ、街全体がコンクリートで覆われ、照りつける直射日光の熱をそのまま反射するために気温は異常な高さになってしまいます。最近では、新しく建設された高層ビルの屋上に樹木を植えるなど、緑化に配慮するビルも見られるようになりました。何もしなかったこれまでに比べれば少しましになったと言えますが、こんな小手先の対応ではほとんど効果は期待できません。

地表温度を下げるためには、「緑陰率」を高めていく必要があります。屋上緑化は、高層ビルを建築したデベロッパーが行うエクスキューズ程度のものでしかないでしょう。つまり、地球温暖化抑制へのパフォーマンスにすぎないということです。そんなことよりも、将来に備えて、野放図に許されている高層ビル建築の計画をはじめとして、現在の都市づくり全体の見直しを急ぐべきなのです。

日本では、一九九〇年のバブル崩壊以来、不良債権を抱えたデベロッパーを救済するためにさまざまな規制緩和が行われ、それまで建てられなかった土地にも超高層ビルやマンションの建築が可能となり、大都市の中心部だけでなく、郊外や地方都市でも高層化が競うように進められました。熱帯夜の発生原因として無謀な都市計画があるとしたら、熱中症を発症し、高齢者などが命を落としている現状は、まさに無謀な都市計画の犠牲者と言うことができるでしょう。

日本全国で救急搬送される熱中症の患者数は約一〇万人弱（出典・総務省消防庁「熱中症による救急搬送状況」二〇一九年）に上っており、夏場だけでなく、五月頃から九月末まで約五か月にわたっています。国は、外出などを控え、水をこまめに摂取し、エアコンの使用をためらわないようにと警報を発するのが精いっぱいで、根本的な問題解決のために必要とされる都市計画の全体的な見直しについてはまったく手つかずのままとなっています。

さて、みなさんは、このような現実をどのように考えますか？

# 第6章 未来へ、日本の歴史が示唆していること

「十八世紀初頭から一世紀半にわたって、人口は停滞していたが、民衆の生活は着実に向上していたという。それが事実だとしたら、今、世界が求めている『持続可能な開発』を見事に実現していたことにならないだろうか。（中略）いわゆる鎖国政策によって、エネルギーの輸出入がゼロであった江戸時代の日本は、一つの閉ざされた惑星のようなものであった」

（鬼頭宏『環境先進国江戸』吉川弘文館、二〇〇二年、一六ページ）

## 小資源国家、日本の歩み

ここからは、日本の歴史を振り返りながら、日本のエネルギー問題について取り上げていくことにします。世界第三位の経済大国である日本は、今、エネルギー問題で極めて厳しい局面に立たされています。その局面とは、「小資源国家」と「原発」、そして「国際社会の批判」という三点です。

二〇一七年現在の日本におけるエネルギー自給率は九・六パーセントで、九〇パーセント強を外国からの輸入に頼っている「小資源国家」です。二〇一〇年には総発電量の約二五パーセントを占めていた「原発」が、二〇一一年三月に発生した東日本大震災による福島原発事故を契機に停止され、その後、一部で再稼働されましたが発電量は三パーセントに留まっています（『エネルギー白書』資源エネルギー庁、二〇一九年参照）。

現在、電力は主に石炭や天然ガスなどの資源エネルギーによる火力発電に依存しており、これが「パリ協定」で示された脱炭素への動きに反していることから「国際社会の批判」に曝されています。

日本の国土は、資源エネルギーの埋蔵量そのものが太古の昔から少なく、明治時代になってから本格な採掘がはじまった石炭も、一九九七年に三池炭鉱（福岡県みやま市、熊本県荒尾市）が閉山したあと、北海道の一部で採掘が行われていますが、その採炭量は一二〇万トンほどで、一九四一年に記録した五六四七万トンに比べるとわずか二パーセントほどでしかありません（一般社団法人石炭エネルギーセンターのホームページ「日本の炭鉱の歴史」参照。二〇二〇年五月二〇日閲覧）。

一方、油田も小規模ながら日本海側の新潟県や秋田県にありますが、その採掘も明治時代になってからであり、現在の生産量は国内消費の一パーセント未満しかありません。また、日本周辺の海底に油田やメタンハイドレートがあると確認されていますが、研究開発はまだ一歩を踏み出した段階で、実用化の目途は立っていません。もし、持続的に資源エネルギーを採掘することができたとしても、燃料として消費することは「脱炭素に向かっている」国際的な流れに逆行することになりますので、さらに厳しい批判に曝されることになるでしょう。

日本のエネルギー黎明期は、欧米文明に「追いつけ追いこせ」で富国強兵・殖産興業に舵を切った明治新政府時代からとなります。資源に乏しい日本が、殖産興業のために資源エネルギーの導入に踏み込まざるをえなくなった歴史を辿ると、身の丈を超えて無理を重ねたエネルギー政策の問題点と同時に、将来のあるべきエネルギー政策のヒントが見えてきます。

## 明治時代になるまで自然エネルギーとともにあった日本の暮らし

日本の風土は、山岳地帯が国土の七〇パーセントを占め、四方を海に囲まれ、春夏秋冬という季節の変化に富む、温暖湿潤の気候です。山林のほとんどは木々で覆われており、豊富な降雨量によって、稲作を中心とした農耕国家という歴史を積み重ねてきました。明治新政府になるまで、人口の約八四パーセントは農業従事者で、残りの約一六パーセントが武家と商人、僧侶、公家などであったと言われています。農業従事者のなかには漁業も含まれますが、彼らは主に沿岸にやって来る季節の魚を獲ることによって生活を営んでいました。遠洋漁業が盛んになったのは二〇世紀になってからです。

主食は米で、紀元前五、六世紀に中国大陸から稲作が伝来するまで、主にヒエや粟などの雑穀を主食にしてきたとされています。農耕がはじまったころ、農作業を担ったのはほぼ一〇〇パーセントが人力でした。田畑を耕すなどの重労働に馬や牛など活用するようになったのは平安時代以降とされています。また、収穫した米の脱穀、粉をひくときも基本的には人力でしたが、江戸時代に入ると水車が利用されるようになっていきます。この水車は、川から水田に水をくみ上げるときにも力を発揮しました（三四ページの写真参照）。

水田農法が発達したことで米の生産が盛んになり、経済の中心に据えられるようになりました。江戸時代、武家の給与は「扶持米《ふちまい》」または「俸米《ほうまい》・俸禄米」と言われた米と現金で支払われていいました。現金だけでは暮らしが成り立たないので、扶持米を「札差《ふだざし》」という仲介業者に持ってき、現金に換えていました。

農家の収入は、代官所などに年貢（五公五民・六公四民）として納めたあとに残された米でした。食べるものは自らが育てた作物で、ほぼ自給自足の生活を営んでいました。農作物の出来不出来は天候に左右されますが、納める年貢は決められていたので、冷害や大雨、日照りなどといった天候異変で凶作になり、雑穀すら収穫できなくなると飢饉に見舞われ、多くの餓死者を出したという記録が数多く残されています。

季節の変化が大きいということは、多様な作物を育てるうえでは有益ですが、同時に大いなる脅威をもたらしました。現代のように長期の気象予報がない時代、経験豊富な長老や占いなどによる予測が頼りとなっていましたが、それは過去の言い伝えや記憶、経験を下敷きにしたものでしかないため、どちらかといえば神頼みに近く、精度は不正確かつ不安定なものでした。

江戸時代の記録をひもとくと、干ばつや冷害、大洪水などの天災による米の大凶作が幾度となく繰り返されてきたことが分かります。飢饉に見舞われた地域の農村では、それが理由で一村が滅んでしまうということもしばしばで、大量の餓死者が出るといった悲劇が絶えませんでした。それでも容赦なく年貢の取り立てが行われ、しばしば百姓一揆が起こされました。

困窮した農民たちは、生活を維持するために生まれたばかりの赤ん坊を「口減らし」のために間引き（命を絶つということ）をしたり、若い娘を「人買い」に売りわたすといったことまでして飢饉を乗り越えてきました。時には、一村まるまるほかの土地に逃げ出すという「逃散」も各地で起きました。

歴史では、こうした飢饉に見舞われた農民の生活は「塗炭《とたん》の苦しみ」であったと伝えていますが、近年の研究によると、江戸中期以降、幕府が徴収した年貢米は全体の四割ほどで、ほかは現金納付となっていたようです。その現金は、米以外の農作物と主婦の機織り、各地の特産物などで稼いだとされていますから、農民の現金収入は結構な額に上り、それなりに可処分所得があったと思われます（『江戸時代の常識・非常識』ＰＨＰ文庫、一九九五年参照）

## 火との暮らし

中国大陸から伝わった火の利活用は、日本列島においても同じような経過をたどって定着していったと考えられます。日本列島にもクマやオオカミなど肉食動物が生息していましたから、それらから身を守る手段として火が燃やされ、寒い季節には薪を燃やして暖をとっていたことでしょう。また、縄文時代、石器時代には食物の煮炊きに使用されたほか、土を焼締めて丈夫な器をつくるなど、火を活用したと思われる生活の痕跡が各地の遺跡に残されています。

日本でもっとも古い『日本書紀』には、天智天皇即位七年（六六八年）の秋、越の国より「燃える水、燃える土」が大津宮に献上されたという記載があります。「燃える水」というのは、おそらく石油のことだと思われますが、その後、石油が生活のなかで使われたという記録はありません。[1] 古代エジプトでは、コールタールがミイラをつくるときに使われたという記録が残されていますが、日本では天皇に献上され、神事などに使われたのではないかと推測されます。

木炭は約三〇万年前の遺跡から発見されており、暖をとるためや煮炊きだけでなく、のちにはじまる鋳造や鍛造にはなくてはならない燃料として、刀剣や槍の武具、鋤や鍬の農具などの製造に使われることになります。

明かりにおいてもっとも一般的だった燃料は、灯明皿に入れ、灯芯で燃やす魚油《ぎょゆ》でした。質が悪

(1)　新潟県柏崎市の『西山町誌』によると、約一五〇〇年前に流れてくる黒く臭い液体の湧出口があったと書かれています。言い伝えでは、そこが現在の柏崎市指定文化財「献上場《おんじょうば》」です。ここから「燃える水」が滋賀県の大津に運ばれたことになります。この「燃える水」を地元では「草生水《くそうず》」と呼んでいます。ちなみに、「燃える土」はおそらく草生水が乾いたものであったと思われます（石炭だという説もあります）。

季節の花が描かれている「色絵ろうそく」

## COLUMN　イワナとツバメの天気予報

　渓流釣りを趣味とする私は、奥多摩、秩父山系、山梨、長野、新潟県などの渓谷によく行きました。師匠は広告のクリエイター仲間で、彼からマナーはもちろんイワナのポイント、渓流でのテント泊などを学びました。そのなかで印象に残っていることとして、「イワナは雨が近くなるとお腹に小石を溜める」というものがあります。マタギが山中に分け入るとき、イワナを釣って、腹を割き、小石がたまっていたら雨を予想して行動するというのです。今から20年ほど前、北海道の然別湖《しかりべつこ》の渓流に入ったときに同行のガイドにこの話をしたところ、「確かにそのような現象は確認されているが、実はイワナが雨を予測しているのではなく、雨が近くなると餌になる水中の虫が小石にしがみつく習性があって、その虫を小石ごと呑み込むからだという説もある」と言われました。

　よく似た言い伝えで、「ツバメが空高く飛ぶと晴れ、低く飛ぶと雨」があります。このツバメの天気予報について『南方《みなかた》民俗学』のなかに以下のような記述があります。

「世界中に、『燕が高く飛ぶときには、天気がよく、低く飛ぶときには、雨になる』という諺が伝えられている。現代の動物生態学も、この民間伝承の正しさを、保証している。燕が空高く飛ぶときには、天気は晴れることが多いし、地面すれすれに低く飛ぶときには、きまって天気が崩れるというのである。ただし、湿気に敏感なのは燕だけではなく、むしろ、燕の餌になる昆虫のほうであるかも知れない、と動物学は注意している。湿気を感じとって、地面低く飛ぶ昆虫を追って、燕もまた地面すれすれに飛ぶ、というわけである」（前掲書、南方熊楠著、中沢新一編、河出文庫、1991年、54ページ）

　現代の天気予報は、気象衛星とスーパーコンピュータで予測する時代になりましたが、イワナとツバメの天気予報は、ひと昔前の暮らしが自然と深く向き合っていた時代を物語っています。

　最近ではまったく見かけなくなりましたが、下駄を飛ばしてのお天気占いは、子どものころの懐かしい思い出です。

く、燃やすと黒い煙とともに魚の臭いが立ち込めるなど評判はよくなかったのですが、庶民にとっては貴重でした。一方、菜種やゴマなど絞った植物油は値段が高く、ロウソクなどとともに武家や商家で主に利用されてきました。とくに明るく、火もちのよい大きなロウソクになると、一本で庶民の一か月分の食料が買えるほど高価だったと言われています。

## 自然と共生してきた伝統と八百万《やおよろず》の神

日本では、古来より「地の神」、「天の神」によって国家が守られているとされ、森羅万象に神が宿り、その数は「八百万《やおよろず》」と言われてきました。八世紀、『日本書紀』と同じ時期に編纂された『古事記』には、山、川、木、石、植物、動物に至るまで、あらゆるものに神が宿り、それらと人間は一体であると記されています。つまり、人間は自然の一部であり、人間は自然とともにあり、自然のおかげで生きているという「自然崇拝」が伝統として息づいていたわけです。この精神性は、しばしば比較される西欧のキリスト教の概念とは一線を画しています。

キリスト教では、神話が由来とされる神が人々を創造し、その後、人のために神が自然を創造したとされています。そのため、現在でも、自然は人間が自由に利用できる、利用するために存在しているという考え方が基本となっています。人間と自然は神によって創造されたところまでは同じですが、「人間も自然の一部である」という点で大きく異なります。

森羅万象にさまざまな神が宿っているとされる日本では、強い風が吹けば「風神が怒っている」と恐れ、大きな洪水が起きないように水源に水神を祀ったり、海が荒れないようにと海神に祈りを奉げるなど、自然と対峙するのではなく、自然と共生すること、自然に抗わないことを「教え」として守ってきました。

集落には、守り神として大小の神社が建立され、境内にある大木を「御神木」として崇め、地域社会の平安を守る象徴としてきました。とくに自然の影響を受けやすい農業や漁業を生業とする地方では、種蒔きの時期になると神社に豊作を祈願し、収穫の時期なると米などをお供えして感謝し、漁に出るときには無事を祈願して船に水神を祀る小さな祠を設けていました。こうした風習は、時代が変わっても決して穢《けが》してはならない、侵してはならない不文律として現在でも固く守られており、多くが祭りなどの神事として継承されています。人間は自然の一部であるから、自然が壊れると人間も壊れる、自然のもっている力は人間が自由に操ることができない、また操ってはならない存在として尊ばれ、かつ畏《おそ》れられてきたわけです。

## 江戸時代からはじまった日本の近代

日本の近代は、資本主義社会の明治時代から太平洋戦争の終了までとされています。江戸時代は「近世」に当たるわけですが、歴史研究家のなかでは、近代は江戸時代がそのはじまりではないかという意見が根強く、今、江戸時代を見直す動きが高まっています。近世か近代かの議論はおくとして、江戸時代の社会や庶民生活を改めて検証してみると、現代においても示唆に富む事柄がたくさん潜んでいることが分かります。

約二六五年間、一五代に及ぶ徳川将軍家による支配は一八六八年に終止符が打たれ、明治維新によって新政府が樹立されました。日本にかぎらず、歴史の転換期には新体制が旧体制を全否定するために、勝者がそれまでの歴史を根底から覆し、都合よく書き換えてきたという例が数多く残されています。明治新政府によって書かれた歴史も、つくり替えられたものが多いと言われています。

その代表と言えるのが江戸幕府による鎖国政策です。歴史の教科書では、鎖国政策によって江戸時代は諸外国との国交を閉ざしていたと学びましたが、最近の研究では正式な鎖国令は出されていなかったとされています。江戸時代の初期、大量の金や銀が外国に流出したことがあり、自国の資源を守るために長崎、対馬、薩摩（琉球）、松前の四か所を交易の窓口にして、日本国内から貴重な資源や物資が流出することや、外国との不平等な交易を防いでいたわけです。

西欧の近代国家では当たり前とされていたことをあえて鎖国と決めつけるのは、歴史的にも無理があります。要するに、日本が欧米文明に遅れをとったのは江戸幕府による鎖国令のせいであると決めつけることで、明治新政府が行った開国政策の正当性を国民に浸透させることが狙いだったのです。

鎖国政策と同じように書き換えられたのが身分制度の「士農工商」です。本来は中国で生まれた言葉で、紀元前一〇〇〇年頃に登場した文献『漢書《かんじょ》』に「士農工商、四民に業あり」とありますが、これは身分のことではなく職業全般を指したものでした。明治新政府は、国民はすべて平等であることを強調するために、江戸時代には職業で差別する「士農工商」という身分制度があったとしたのです。

しかし、こちらも近年の研究によって、江戸時代には武士、百姓、町人、穢多《えた》、非人《ひにん》がいて、その上に身分としての天皇、公家、僧侶が置かれ、「士農工商」は当時の藩内における職業ごとの住み分けを表したものであると見直され、二〇〇〇年になって歴史の検定教科書から削除されました。

優れている西欧文明を取り入れることが最大目標となった明治新政府は、廃仏毀釈、和算、漢方医学など、それまでの江戸文化をことごとく時代遅れの「悪弊」であるとして、排除する政策を次々に打ち出していきました。明治維新とは、新制度を確立するためにそれまでの歴史を消し去り、「御一新＝西欧文明賞賛」で国民を洗脳し、文字どおり「人心を一新」することだったと言えます。

果たして、江戸の生活文化を完全否定し、排除しなければならないほど、西欧の文明・文化に比べて日本は劣り、遅れていたのでしょうか。現代になって江戸時代の歴史や生活文化の見直しが盛んに取り上げられるようになったのは、単なるノスタルジーではなく、物質的な満足よりも精神性の豊かさ、文明より文化を尊んできた江戸庶民の価値観が、モノのあふれる現代人の消費生活に対する警鐘となっているからではないでしょうか。

江戸幕府の政策、江戸時代の文化風習を否定し、葬り去ってきた明治政府ですが、その政治体制の根幹をなした官僚制度は江戸幕府によって確立されたものをそっくり継承しています。このことが、歴史研究家が日本の近代は明治時代からはじまったのではなく、官僚政治体制が整った江戸時代にあるのではないかという意見につながっています。

あらかじめ断っておきますが、決して江戸時代が今よりも断然に素晴らしかったからそこに戻ろう、ということではありません。ただ、現代社会が抱えている環境問題やエネルギー問題の「解」が容易に見つからないなか、わずか一五〇年前、二六五年間という長きにわたって外国との戦争に巻き込まれることがなく、内戦もほとんど起きなかった時代の文化と生活が豊かさにあふれていたという歴史的な事実が、今を生きる私たちに無言で語りかけているように思えてなりません。江戸時代の生活をのぞき見しながら現代と対比してみると、私たちが探している「解」が見つかるかもしれません。

## 経済成長を求めない定常型経済の道を歩んだ江戸時代

江戸時代における庶民の消費欲は、とりわけ旺盛だったとされています。消費が活発だった理由は、江戸時代に戦《いくさ》らしい戦がまったく起きなかったことに尽きます。徳川家康によって天下が統一されるまで、日本列島は戦乱に明け暮れていました。国全体が騒乱の時代に、庶民は消費どころではありません。太平の世になったからこそ、安心してお金も使えるし、それを目当てにさまざまな商いが活発になり、歌舞伎などといった遊興も盛んになったのです。

明治時代になるまで農業をベースにした手づくり産業が中心でしたから、現代のような大量生産、大量消費、大量廃棄ではなく、適量生産、適量消費で、エネルギーから着るもの、食べるものまで、資源を一切無駄にしない少量廃棄の暮らしでした。ですから、江戸時代の二六五年間は、経済成長にあくせくしない「定常型経済」であったと考えられます。

グローバリズムの現代とは条件が異なるとはいえ、江戸幕府はほぼ安泰のまま、一五代将軍まで粛々と引き継がれてきました。言葉を換れば、二世紀半以上にわたって日本の首相を徳川一族が継承し、この国を牽引してきたとも言えます。

二六五年間、経済成長率が伸びなかった要因として、江戸時代の人口がほぼ横ばいであったことが挙げられています。人口調査は一七二一（享保六）年に第一回が行われ、一八四六（弘化三）年の第二二回まで続けられました。第一回の調査時には人口約二六〇〇万人でしたが、このときには武士などが除外されていたため、これを加えると推計で三一〇〇万人に達していたと考えられます。そして、一八四六年の二回目の調査では、推計人口は約三二〇〇万人となっていました（大塚柳太郎、鬼頭宏『地球人口100億の世紀』ウエッジ選書、一九九九年、九七ページ参照）。

一二〇年間で人口の増加が一〇〇万人であったことから、江戸時代の後期は人口停滞が起きていたと考えられます。停滞の理由としては、相次ぐ凶作による飢饉説のほか、機織りなど農業以外の貴重な稼ぎ手になっていた女性の晩婚化、人口増加による食糧不足を警戒して出産を調整するという本能が働いたのではないか、といったさまざまな説が考えられます。

資源のほとんどを自給せざるを得なかったこと、人口が停滞したことなどの影響によって、江戸時代は定常型経済になったと言えなくもありません。しかし、戦《いくさ》がなかったことで庶民の消費意欲が高まり、それによって経済が回り、定常型経済であっても暮らしは豊かであったと考えるほうが当たっているでしょう。

現在の日本経済は、年率で一〜二パーセントの低成長が続いています。原因として挙げられているのがＧＤＰの六〇パーセントを占める個人消費の冷え込みです。また、人口減少も続いています。経済成長を競わなくても、安定した平和な社会を築けば消費は活発になり、経済が回ることを江戸時代が証明しています。そんな江戸時代を一貫して支えてきたのが、使い捨てをしないという循環型社会でした。

## 一五〇年前は循環型社会——持続可能な社会だった江戸時代

### 3Rを先取りしていた江戸庶民

外国との交易が制限されていたため、国外から資源（エネルギー、鉄鉱石、木材、食糧など）を輸入することができなかったため、江戸時代は国内にあるかぎりの資源をやり繰りして凌ぐ以外に方法がありませんでした。必然的に、もっとも許されなかったこと、それは資源の無駄遣いでした。環境問題に直面している現代社会では、「リデュース（Reduce）」、「リユース（Reuse）」、「リサイクル（Recycle）」の3Rが循環型社会の基本とされていますが、それでも廃棄物は、膨大な税金を投じて処理しなければならないほどあふれ返っています。廃棄物というのは、まさに資源の無駄遣いの産物なのです。

では、エネルギーなどのあらゆる資源が少なくて、手に入れづらかったとされる江戸時代の生活はどのようなものだったのでしょうか。

何一つとして無駄なものはない、と言われていたのが江戸時代の生活です。なかでも、着るものは貴重品でした。庶民が身に着けていたのは木綿で、絹などの高級織物は金持ちの商人や武家にかぎられていましたが、ともに汚れたり古くなると何度でも洗い張りされ、仕立て直され、親から子へ、子から孫へと引き継がれていきました。そして、最後には古着屋が引き取って、布切れはツギ直しに利用されていました。

また、煮炊きによって生じた竈《かまど》の灰も、捨てるといった発想はありませんでした。鍋釜や茶碗の洗い粉として、また田畑に撒いて土壌改良に使ったほか、消毒薬として傷口にも塗っていたのです。

当時、高価で貴重だった紙類は、使い終わったら燃やすなどというのはとんでもない「罰当たり」なこととされ、どんな紙でも屑屋が買い集め、それを再生する業者に卸して新しい紙となり、何度もリサイクルされていました。

そしてリユース、再利用の極めつけと言えば「糞尿」です。少し大袈裟かもしれませんが、汚い、臭いと本来なら忌み嫌われる人間の排泄物ほど貴重な資源として大切にされたものはありません。この糞尿を再利用したのはもちろん農家です。商家、武家屋敷、長屋をめぐり、それぞれの便所から汲み取った糞尿は作物を育てる肥料として大切に活かされました。汲み取った糞尿のお礼は、農家が育てた野菜などであることはご想像のとおりですが、長屋を管理する大家には現金をわたしていたという記録もあり、大家にとっては店賃《たなちん》とは別の貴重な副収入となっていました。

肥料として糞尿を確保するために農家はあの手この手とサービスを提供したのですが、人口の八四パーセントを農業従事者が占めている時代ですから、江戸などの大都市では「汲み取り競争」が激化していきました。そんなとき、京都では町なかに便所小屋を建て、そこに溜まった糞尿を再利用するというアイデアを生み出す農家まで出現しました。今で言うところの公衆便所ですが、費用を投じても買い取る手間賃がいらないので十分に採算が取れたようです。当時、男たちは所構わず立ち小便をしていましたから、この公衆便所は衛生面でも効果があったと思われます。

　日常生活がどうだったかというと、こちらもおおよそ無駄がありません。平均的な庶民の暮らし向きを見てみると、天秤棒の両端に野菜や魚を入れた籠や桶を担いで売り歩く、いわゆる「振《ふ》り売《う》り」からその日に必要な分だけを買い求め、その日のうちに残さず食べ切ってしまうという食生活が当たり前でした。

　振り売りでは、余分な量を仕入れることがなく、売り切れるとその日の商売は終了となります。売り手はそれぞれ商売するエリアを決めていて、顔なじみのお得意さんがおり、家族構成や好みなども熟知したうえで野菜や魚などを仕入れていたので、売れ残るということはほとんど考えられませんでした。

　おさんどんに苦労する長屋の女性たちにとって、独特の売り声を上げながら練り歩く振り売りは移動小売店のようなものです。その日に手に入る食材でその日の献立を決めることもでき、便利このうえない存在でした。しかも、すべて取れたてですから、鮮度は折り紙つきです。現在、スーパーやコンビニで問題となっている「食品ロス」なんてことは起きようがなく、ゴミになるものを「売らない」、「買わない」というリデュース生活を先取りしていました。

江戸などの大都市の大通りではさまざまな商人が大きな店を構え、両替商などの金融業から、高価な着物やおしろいなどの化粧品、そしておしゃれな小物などを扱う大店《おおだな》が「商い《あきない》」をしていました。そんな大通りから一歩裏通りに入ると、古着屋、着物の仕立て直し、鍋釜の修繕を請け負う店が軒を連ねていました。現代のリサイクルショップや日用雑貨店、そして古書屋などといったリユース専門の店が繁盛していたわけです。

かぎられた資源を無駄にしないという3Rだけでなく、長屋生活では余った料理を分け合うシェアリング、病人が出たりすれば看病をし、高齢者の面倒や幼い子どもの子守りに至るまで分け隔てなく引き受けるといった、人と人のつながりを大事にする人情豊かなコミュニティが形成されていたことも忘れるわけにはいきません。

「深川江戸資料館」に展示されている江戸時代の長屋の共有スペース。井戸（右）の前にごみ箱（左手前）と便所（左奥）がある。〒135-0021　東京都江東区白河1-3-28　TEL：03-3630-8625

シェアリングと言えば、労働面でも同じような事例がうかがえます。たとえば、大きな荷物や重い荷物を扱う米屋や薪炭屋では運搬のために多くの人力を必要とするわけですが、その際、大型の大八車の使用を江戸幕府は制限していました。

理由はいろいろあったようですが、一つには、小型の荷車を使うことで多くの運び手を雇用させるという狙いがあったのではないかと推測することができます。労賃を余分に支払うことになりますが、このシステムには、合理化を抑制し、労働の機会を増やすという現代のワークシェアリングのような意図があったと考えられます。

江戸城下には坂が多く、その坂の下には荷車を後ろから押す「車押し」や、前から引く「車引き」と呼ばれる職業もありました。このような例からも、江戸時代ではマンパワーへの依存度が高かったことがうかがえます。だから、その気にさえなれば日銭を稼ぐ手段はどこにでもあり、大きな商いをしている商家の富が庶民に流れるという「トリクルダウン」のシステムが形成されていたことになります。

もちろん、庶民の収入はそれほど多くありませんでしたが、その日その日の生活は、身の丈以上の贅沢や無駄な買い物さえしなければ、あくせく働かなくとも一家四人程度なら食べることに不自由しませんでした。まさに「ぼろを着てても心は錦」で、モノの豊かさよりも心の豊かさを誇る、江戸っ子の心意気だったのでしょう。

## 気象とエネルギー

一四世紀以降から地球の気温が下がりはじめ、一七世紀には世界的に気温の底を迎え、江戸時代は「小氷期」と呼ばれ、気温の低下期にあたります。現在に比べると四度ほど気温が低く、日本列島では大小の異常気象が繰り返し発生し、冷害に見舞われました。それが「四大飢饉」と呼ばれている「寛永の大飢饉」（一六四二年〜一六四三年）、「享保の大飢饉」（一七三二年）、「天明の大飢饉」（一七八二年）、「天保の大飢饉」（一八三三年〜一八三九年）です。

凶作による米不足もさることながら、庶民にとっては生き死にかかわるほどの寒さ対策が最優先課題となりました。石油ストーブもエアコンもない時代です。頼りになるのは炬燵《こたつ》と火鉢で、その燃料といえば薪と炭でした。建て付けがあまりよくない庶民の家では、すきま風が吹き込み、寒さもひとしおだったと思われますが、炬燵と火鉢で厳寒の冬を何とか凌いだのです。

何でも無駄にしない時代でしたから、火鉢の炭は、熱を無駄にしないように鍋や鉄瓶を置いて煮炊きや湯沸かしに利用していました。六畳ほどの広さしかない長屋の一間を暖めるには、それで十分だったと思われます。

さて、使われていた炭、その原料はもちろん自然エネルギーの木です。小氷期の寒さでエネルギー需要が薪や炭の供給を上回り、産業革命がはじまった当初と同じように、樹木の伐採量に対して植林した木の成長が追いつかず、山や平野から森が消え、山崩れや洪水の原因となりました。

また、暮らしの質が向上するにつれて塩や砂糖の生産が盛んになり、陶磁器、鋤、鍬などといった鉄製の農機具の需要が増大し、これらを生産・製造するために膨大な薪と炭を必要としたためにますます樹木が伐採され、山野の荒廃が著しく進みました。幕府や諸藩は、木の伐採を制限する政策を取らざるを得ないほど追い込まれることになりました。

## 大名行列は富の再配分

江戸時代の大名は、徳川家に忠誠を誓うために奥方や子どもを人質として江戸に差し出し、殿様自身も二年に一度は江戸詰をすることが求められ、国元は家老など、今でいうところの官僚任せとなっていました。参勤交代が制度化されたのは三代将軍徳川家光（一六〇四〜一六五一）のときですが、膨大な費用がかかるこの制度は、大名に大きな力をもたせないための締め付け政策であり、一種の恐怖政治であったとも受け止められています。

その一方で、参勤交代が往来する街道筋は大いに賑わい、落とされる金額がかなりの額に上るうえに、定期的に行われることもあって経済効果はかなり高かったと思われます。現代風に考えれば、一種の公共事業のような政策だったかもしれません。江戸幕府は、大名が江戸と国元を往復することで、街道筋に富の再分配をさせていたことになります。

江戸時代も、現代と同じように中央と地方都市では経済格差があったと考えられますが、参勤交代がどのような経済効果をもたらしたのかについては興味が湧きます。藩の規模や格式にもよりますが、禄高が大きい大名の参勤交代ともなると、行列は一〇〇〇人を超えることもあったようです。

これだけの人数を受け入れるための本陣、脇本陣、さらに旅籠《はたご》は人でにぎわい、提供する食事や酒などで宿場は大いに潤ったことでしょう。江戸幕府は、自らの懐を痛めることなく、庶民に潤いをもたらすというまさに一石二鳥、いや大名の財力を削ぐという効果まで含めると「一石三鳥」となる政策を行っていたことになります。

このような厳しい制度によって江戸時代末期まで内乱らしい内乱が起きなかったことは特筆すべきであり、江戸幕府の政策は、国を安らかに治めたという面において十分に評価することができます。

## 「もったいない」が支えていた庶民の生活

資源がないのなら、何でも資源に換えてしまえばいいだけのこと――江戸時代の生活からこんな強かな知恵が見えてきますが、それでも、やはり工夫するには限界もあります。贅沢もしたいし、便利で楽な生活を求めるのは人間の本能のようなものですから、江戸時代の庶民とて同じであったと思われます。では、彼らの生活を支えていたのは、どのような「心のありよう」だったのでしょうか。

詳しくはのちに述べますが、江戸時代の生活の根底には、古来よりの「生きとし生けるものすべてのものには神が宿っている」という「崇物思想」が脈々と流れていたと言われています。この崇物思想から生まれた言葉、それが「もったいない」です。

「もったいない」とは、まだ使えるのに捨ててしまうことを惜しむといった意味のほか、自分よりも身分の高い人への敬意としても使われてきました。そもそもは仏教から生まれた言葉で、「物が形を失う」から転じて「もったいなし」、そして「もったいない」へと変化し、慣用句として定着しました。

前述したように『古事記』には、神が人を創造すると同時に天、地、海、山、岩、木々、動植物まで森羅万象すべてに神が宿り、人間は八百万《やおおろず》の神と共生する、と記されています。こうした精神文化のなかで育ってきた日本人は、また食べられるものを捨てたり、十分使えるのにゴミとして処分してしまうと、その食物やモノに宿っている神の罰《ばち》があたるとして畏《おそ》れてきました。

日本人が食事の前に「いただきます」と言うのは、「食べ物に宿っている命をいただく」という心の表れから来ていることはよく知られています。キリスト教徒が食事の前に天が与えてくれた糧に感謝する祈りと同じように思えますが、「命をいただく」という意味をふまえると、根本的に異なっていることが分かります。

人間と自然とは常に一体で、不可分であることが江戸庶民の心のありようであり、そこから、無駄をなくす生き方が自然に生まれてきたと考えられます。また、贅沢をしたい、便利に暮らしたいという欲望を抑制する力としても、「もったいない」という考え方が働いていたのかもしれません。

## モノより心の豊かな時代へ

身分制度に縛られ、武家が威張り散らす封建社会――このように表現すると、江戸時代の庶民生活は権力に押さえつけられ、不平等で、弱者は虐げられていたようなイメージを抱いてしまいますが、どっこい庶民生活は安定していて、教育が行き届いて識字率も高く、絵画や演劇などさまざまな文化が花開いた心の豊かな時代であったと、日本国内だけでなく国際的にも評価されています。

確かに、物質面だけを見ると、海外との交易が制限されていたこともあって品物の種類や量が豊富であったとは言えませんが、江戸庶民はそれに勝るぐらい「心の豊かさ」を堪能していたと思われます。

二〇一六年、ノーベル医学生理学賞を受賞した大隅良典博士が、二〇一二年に受賞した「京都賞」の講演の際、「遠い将来を見据え、いかに自然に負荷を掛けずに生活できるか、生物に学ぶことがある」と語り、現代の消費社会のあり方に疑問を投げ掛けていました。

大隅さんは、細胞が自分のたんぱく質を分解して再利用する「オートファジー（自食作用）」の研究について話したあと、「京都の魅力の一つは美しい紅葉だ」と切り出しました。「紅葉は、葉を落とす前に緑色の葉緑素などのたんぱく質を分解して回収し、次の春に備えている」と自食作用に絡めて説明し、「生物は貴重な資源をむやみに消費しない。分解は『新生』への必須の過程だ」と、自然界の巧みな工夫を称えたのです（「毎日新聞」二〇一六年一〇月六日付朝刊より。一部抜粋）。

「生物は貴重な資源をむやみに消費しない。分解は『新生』への必須の課程だ」と話す大隈博士の言葉は、江戸時代の生活と重なり合う部分が多いのではないでしょうか。資源が制限されていた江戸時代の生活環境では、「貴重な資源をむやみに消費せず」という生物や細胞における再利用の手本を、社会全体で実践していたようにも思えます。

その基本となっていたものは、やはり「もったいない」という本能に近い心構えであったと言えます。「生物の自然のサイクル」そのものを生活に取り込んできた江戸時代は、現代社会が抱えている「大量生産」、「大量消費」、「大量廃棄」とは真逆の時間が流れていたということになります。

## 周回遅れの産業革命

外国との交易は制限されていましたが、江戸時代の末期にはアメリカ、イギリス、フランスとの通商が盛んになったこともあって、福沢諭吉（一八三五〜一九〇一）のようにアメリカに渡った学者もいました。ここからも、江戸幕府が欧米の政治体制や産業などについて、まったく目と耳を閉ざしていたわけではなかったことがうかがえます。

明治新政府は、倒幕に功績のあった長州藩、土佐藩、薩摩藩の出身者を役人に重用し、彼らを視察のために諸外国へ送り出して世界情勢の把握に努めましたが、派遣された視察団が目にしたものは、カルチャーショックそのものであったにちがいありません。

衣食住や政治体制など、見るもの、感じるもののすべてが桁違いで、蒸気機関車が轟音を立てながら鉄路を疾駆する姿、夜でもアーク電灯の点る街灯、ランプの光で明るい室内、服装も色彩豊かで、男女が腕を組んで歩き、馬車や馬車鉄道が行き交う街は活気にあふれていました。

多くの労働者が働く大工場では、鉄鋼製品や日用品などが大量に生産されており、海に目を転じれば、鉄鋼船が港を埋め尽くし、蒸気機関の力強い音とともに資源や物資を山のように載せて大海原に乗り出していく勇壮な姿は、東洋の小さな国から来た若者たちの目にどのように映ったのでしょうか。想像することはできても、実際に受けた衝撃の強さまで計り知ることはできません。

帰国した視察団によってもたらされた報告を聞き、明治新政府の高官たちの心は、日本国が世界の進歩から取り残されているという恐怖感、そして焦燥感で満ちあふれたことでしょう。西欧の国々によってアジアの国々が植民地化されているという情報も舞い込んでいます。そこに天と地ほどの差がある文明と国力の現状を見せつけられたわけですから、支配されることに対する危機感が「衝撃波」となって襲ってきたことは容易に想像できます。その衝撃波に突き動かされるように明治新政府は周回遅れの産業革命をアジアの地に起こし、近代化に全力を注ぐことになります。

明治新政府は外国から指導者を招き、彼らの助言によって、外貨を稼ぐために絹や陶磁器の生産に注力し、輸出を奨励しました。輸出で得た外貨で資源を輸入し、製鉄所の設立、鉄道の敷設と蒸気機関車、さらに発電所の建設を急ぎ、電力供給に着手しました。ガス灯に代わって電灯（アーク灯）が銀座に初めて点されたのは一八七八（明治一一）年でした。

欧米の法律、科学、教育制度、医学などを学ばせるために多くの人材を海外留学生として送り出し、帰国した彼らによって、教育、医療、金融、交通などといったインフラ整備が進められていきました。富国策のなかでとりわけ急がれたのが、ドイツを統一したビスマルク宰相（Otto Eduard Leopold Fürst von Bismarck-Schönhausen, 1815～1898）の言葉である「鉄は国家なり」にならうことでした。自らの力で鉄を生産することは、「富国」のみならず「強兵」の基礎を固

COLUMN

## 和算と nature

明治政府は江戸時代を全否定することで国民に「新しい国家に生まれ変わる」とイメージづけようとしました。その一つとして、関孝和（？〜1708）などが確立した「和算」を廃止し、洋算の導入政策を急ぎました。

関は、和紙に書いて計算する筆算による代数の計算法を発明し、和算が高等数学として発展するための基礎をつくった人物です。しかし、これは徳川幕府の遺産であり、新時代にふさわしいのは洋算であると、明治新政府は欧州に留学生を送り込みました。ところが、帰国した彼らは次のように報告したのです。

「洋算で学んだ微分積分は和算と同じであり、円周率に至っては和算のほうが進んでいる」

明治新政府は、当然ながら留学生の報告を無視して、洋算礼賛の姿勢を変えようとはしませんでした。しかし、日露戦争に勝利し、日本が列強に肩を並べたと自信を深めた途端、「日本には世界の誇る和算があり、我が民族は優秀である」と、関孝和を教科書で「偉人」として取り上げるほどの豹変ぶりを示したのです。

明治に入ると、外国語がそれこそ津波のように押し寄せてきました。その一語一語を日本語に翻訳していったわけですが、その一つに「nature」があります。

明治時代の日本人が初めてこの外国語に出合ったとき、ハタと困りました。西欧では神話に基づき、神が人間を創造したあとに自然を人間のために創造したとされていますが、日本では人間と自然は一体のものとして位置づけられていましたので、「nature」という概念がそもそも存在していなかったのです。

「nature」を「自然」と訳したのは、一説には福沢諭吉とされていますが、その語源は「おのずから」とか「ひとりでに」という仏教に由来している「自然（じねん）」でした。確かに、日本語として「nature」を言い当てているように思えますが、深く掘り下げてみると、「nature」と同義であるのか、という疑問が残ります。

めるための必須条件でした。この時点で製鉄所はすでにありましたが、鉄鋼船を建造できるような規模ではありません。船といえば木造船であり、その動力は風まかせの帆船でした。

一八五三年、下田港にペリーの黒船がやって来たとき、煙突から黒々として煙を吐く鉄の船四隻が海に浮かび、大砲を積み込んでいた姿に江戸幕府は、「たった四杯で夜も眠れず」と狂歌にされたほど震え上がり、慌てふためきました。そこで明治新政府は、「強兵」政策は鉄なくしては成し遂げられないとして、製鉄所の建設にもっとも力を入れたわけです。さらに、西洋式の武器や軍艦を輸入し、それらの国産化を急ぐと同時に制定されたのが「徴兵令」でした。

徴兵令は一八七三年に発令されて「国民皆兵主義」に踏み出すわけですが、ほぼ前後して断行されたのが、一八七一年の廃藩置県と一八七六年の廃刀令です。これにより武家社会を完全に消滅させ、名実ともに明治新政府による支配を完成させました。また、新政府に不平、不満をもっている元武家たちを沈黙させるために、ちょんまげを廃止する断髪令を一八九一年に発布しています。町では、髷《まげ》を落とした散切り頭の男たちが行き交うようになりました。「散切り頭を叩いてみれば文明開化の音がする」と謳われたのもこのころです。

# 第7章

# 二〇世紀の日本

## ――それはエネルギーとの戦いだった

「西洋の開化（即ち一般の開化）は内発的であって、日本の現代の開化は外発的である。ここに内発的というのは内から自然に出て発展するという意味で丁度《ちょうど》花が開くようにおのずから蕾《つぼみ》が破れて花弁が外に向かうのをいい、また外発的とは外からおっかぶさった他の力でやむをえず一種の形式を取るのを指したつもりなのです」

（出典：三好行雄編『漱石文明論集』岩波文庫、一九八六年、二六ページ）

## 日清・日露戦争を経て一等国への仲間入り――資源確保のための戦争へ

日清戦争（一八九四年～一八九五年）と日露戦争（一九〇四年～一九〇五年）の勝利によって日本国は、清国から台湾、遼東半島などとともに莫大な補償金を手に入れたほか、ロシアからは朝鮮半島と満州の権益を手に入れました。ロシアとの交渉をめぐっては、日露戦争による戦死者数一一万五〇〇〇人の多さに比べて見返りが小さいと国民の不満が募り、一九〇五年、暴徒が内務大臣の官邸、御用新聞と目されていた国民新聞社、そして交番などを焼き討ちした「日比谷焼き討ち事件」が起きています。

満州の権益を得たことで資源が乏しかった日本は、石炭などの豊富なエネルギー資源を手に入れることができました。日本国内でも石炭の採掘がはじまっていましたが、狭い国土から採掘できる量にはかぎりがあります。また、明治政府が掲げた富国強兵や殖産興業を成し遂げるために電力供給が急務となっていたため、火力発電に不可欠である石炭の需要はうなぎ上りとなっていました。と同時に、陸上では蒸気機関車、海上では軍艦や輸送船の燃料として、石炭はいくらあっても足りないという状況でした。

列強国と肩を並べ、それを維持していくためには、強い産業基盤と他国に対して優位に立てる強力な軍隊が必要不可欠であるとする日本政府は、絶えることが許されないエネルギーの確保が最優先課題となりました。

一九一四（大正三）年に勃発し、二〇世紀でもっとも多くの犠牲者を出した第一次世界大戦のきっかけはオーストリアの皇太子夫妻がセルビア人に暗殺されたこととされていますが、背後には長引く不景気と植民地の権益、さらにエネルギーなどを含む資源をめぐる国家間の対立がありました。そして、一九三九年にはじまった第二次世界大戦では、経済拡大を目的とした資源収奪の側面が強く現れました。エネルギー確保のために、人類は愚かしい戦争を何度も起こしてきたわけです。

第一次世界大戦で日本はドイツに対抗する枢軸国を支援して勝利し、ドイツが支配していた中国の一部を支配下に置くことに成功しました。そして、第二次世界大戦では、イギリス、アメリカを相手に、ドイツ、イタリアと三国同盟を結んで太平洋とアジアの覇権を争ったわけですが、日本のような資源をもたない国が世界大戦にかかわるという無謀な行動に出たのは、明治政府誕生以来、対外戦争で不敗だったことによる過信があったとも言われています。そして、満州侵略に対する制裁で命綱である原油の輸入を止められたため、国家存亡の危機であるとして一九四一（昭和一六）年一二月八日、アメリカに対して宣戦布告し太平洋戦争に突入したわけです。

太平洋戦争は完全な消耗戦となり、戦力、生産力、情報収集力などあらゆる面で劣っていた日本は開戦からわずか一年で制空権と制海権を失い、頼りのエネルギーを断たれ、矢折れ刀尽き、一九四五年八月一五日に敗戦しました。そして、焦土と化した国土の再建に向け、不戦の誓いを記した新憲法のもと、民主主義国家として一《いち》から出直すことになります。

戦地から多くの日本兵や民間人が引き揚げてきましたが、住む家もなく、仕事も食べるものもないさんたんたる状態で、街には親を失った戦争孤児があふれていました。平和になったとはいえ、食糧難によって多くの国民は栄養失調に苦しめられるなど、生活は貧窮を極めました。

このような困窮状態を救ったのが、朝鮮戦争（一九五〇年～一九五三年）による特需景気でした。日露戦争後に朝鮮半島を統治してきた日本が太平洋戦争の敗戦によって撤退し、三八度線を境に北側をソ連が、南側をアメリカが占領することになりました。一九四八年、南に大韓民国、北に朝鮮民主主義人民共和国（北朝鮮）の二つの政権が誕生したわけですが、これがきっかけとなって緊張感が高まり、勃発したのが朝鮮戦争です。

南の大韓民国にはアメリカなど自由主義諸国が、北の朝鮮民主主義人民共和国には中国とソ連が後ろ盾としてつき、その後、一九九一年まで続く冷戦の構図が色濃く表れていました。日本に駐留していたアメリカ軍へ物質的、人的支援をするため、日本には時ならぬ特需景気の波が押し寄せました。太平洋戦争で未曾有の犠牲者を出し、敗戦によって焼け野原となった日本が、新たに起きた朝鮮戦争で復活の糸口をつかんだというのは、何とも皮肉なことでした。

## 「追いつけ追い越せ」の短距離競走のような七七年間

ここまで、駆け足で日本のエネルギーとの戦いを中心にまとめてきましたが、江戸幕府が終わった一八六八年から太平洋戦争が終了した一九四五年までの七七年間は、日本の歴史のなかで、対外、対内ともにもっとも波瀾に満ちた時代であったと位置づけることができます。

天皇親政の明治政府によって断行された御一新とは、西欧文明と政治制度などを移植することによって旧体制とともに文化までを葬り去り、「紙と木の国」から「鉄の国」に変えることでした。強靭な国家の骨格を成すのは鉄であり、鉄がなければ蒸気機関車を走らせることも、鉄鋼船を海に浮かべることもできません。また、近代的な軍隊を整えることもできません。明治政府は、鉄という大きな殻で国家を包まないかぎりアジアの地に迫りつつあった欧米の大国から自国を守ることができないと判断したのです。

こうして、日本を世界の列強と肩を並べるまでに押し上げることに成功したわけですが、日本本来の国力からすれば、それは身の丈を超え、さらにつま先立ちで背伸びをした状態と言え、いつ倒れてもおかしくないほど不安定なものでした。

足下をしっかりと固めずに、急ぎすぎた政策の一つがエネルギーでした。「鉄は国家なり」という言葉の裏に「エネルギーは国家なり」が潜んでいたわけですが、日本には鉄もエネルギーも国内で賄えるだけの自給力がありません。明治政府の中枢にいた高官たちはもちろんのこと、とりわけ軍部は、鉄とエネルギーをもたずに戦《いくさ》ができないことは百も承知していたはずです。

明治政府が西欧文明と日本の文明の彼我の差さに驚愕し、恐れを抱いたところまでは致し方ないとしても、西洋文明を「切り花」として自国にもち込んだところでしょせん「切り花」でしかありません。エネルギー資源という栄養分が豊富にないかぎり、「切り花」を根づかせることができないことは分かっていたはずです。

脆弱な足下を固めるために我が国の選んだ途は、外国に進出し、支配し、その地にある資源を手に入れることでした。日清戦争、日露戦争、満州進出、日中戦争、太平洋戦争は、明治政府が敷いた富国強兵を成し遂げるという野望の七七年であった言えます。そして、一九四五年の敗戦で明治政府の描いた絵は画餅に帰し、完全に燃え尽きました。それは、まるで木綿製のズック靴を履いて短距離をがむしゃらに走り抜き、最後は精も根も尽き果てたランナーのような姿でした。

## 戦後、日本を復興に導いたものとは

### 新生日本の挑戦

太平洋戦争に敗れたあと、日本は戦争放棄を謳った平和憲法(1)のもと、それまで軍備にかかっていた莫大な経費を経済再建に注ぎ込むチャンスに恵まれました。それは、軍国主義から平和主義へと一八〇度転換した国家づくりに向けて舵を切り、経済に軸足を置き、国際社会とのかかわりを深めていく「新生日本」の挑戦でした。

一九五一年に調印されたサンフランシスコ講和条約によって、日本は再び主権を取り戻し、同年、日米間で締結された安全保障条約によってアメリカの傘の下に置かれることになります。その後の日本とアメリカは、戦後七〇年以上にわたって経済と安全保障の面で深いつながりを維持し、日本は奇跡の復興を遂げて世界を驚かせるとともに、経済大国として国際社会への復帰を果たしました。

日本の奇跡とも言える経済成長は、一九七〇年の終わりごろ、アメリカの社会学者エズラ・ヴォーゲル（Ezra F Vogel）から「ジャパン・アズ・ナンバーワン」という評価を受けたほか、日本の復興に学べとばかりに、一九八一年、マレーシアでは「ルック・イースト政策（東方政策）」がとられるなど、日本人の民族的な特性である勤勉性や終身雇用などの社会制度が注目されました。

（1）一九四八年に軍隊を廃止して、軍事予算を社会福祉に充て、国民の幸福度を最大化する道を選んだコスタリカに似ています。ドキュメンタリー映画『コスタリカの奇跡——積極的平和国家のつくり方』（監督：マシュー・エディー、マイケル・ドレリング、配給：ユナイテッドピープル、二〇一六年）として話題になったように、コスタリカは周辺国との信頼関係を築き、軍隊も廃止したままです。

このような過大評価は、ドネラ・H・メドウズの『成長の限界――ローマ・クラブ「人類の危機」レポート』（ダイヤモンド社、一九七二年）やダニエル・ベルの『脱工業社会の到来』（ダイヤモンド社、一九七五年）など、資本主義経済の限界を指摘する書籍が相次いで出版されたことと無縁ではありません。資源エネルギーに依存した経済構造に限界説がささやかれはじめるなか、アジアで奇跡の復興を遂げた日本賞賛には、資本主義経済の限界説を打ち砕き、新たな活路を見いだせるのではないかという強い期待感が込められていたと思われます。

日本型雇用であった年功序列や終身雇用制度は、企業への忠誠心を高め、そこに日本人の伝統的な勤勉性や滅私奉公の精神が重なり、その団結力がいい意味で企業の競争力と生産性を高めることに結びついたのです。一方、太平洋戦争によって完膚なきまでに打ちのめされ、世界と日本の彼我の差を痛いほど味わったことが、明治維新のときを上回る強い気概を国民に抱かせたと察することもできます。

欧米の外圧によって民主主義社会に衣替えされ、表現の自由やさまざまな権利を手にした国民の気持ちのなかに、働きさえすれば豊かになるチャンスが誰にも平等にあるという前向きな意欲が芽生え、根づいていきました。悲惨な敗戦から立ち上がり、復興に注がれた国民の強い気概と一体感こそが「ジャパン・アズ・ナンバーワン」の活力となったことには疑う余地はないでしょう。しかしながら、奇跡の復興は精神論だけで成し遂げられるものではありません。その裏には、大量の資源エネルギーの投入があったのです。それこそが真の原動力であったと言えます。

## エネルギー関連の数値を振り返る

少し時代を遡って、日本のエネルギー消費傾向が明治時代から現代までどのように変化してきたかについて整理してみました。

日本の一次エネルギーの供給構成比は一八八〇年から記録されています。それによると、木材が約八五パーセント、石炭は約一四パーセントであるのに対して、石油は約一パーセントしかありませんでした。木材とは、薪と炭の両方を合わせたものです。江戸時代には木材が一〇〇パーセントを占めていたことからすれば、明治政府になってからすぐに石炭を中心とした資源エネルギーへの転換がはじまり、徐々に増えていったことが分かります。一方、水力発電は、明治の中頃から地方都市や企業の一部で導入がはじまっていましたが、いずれも小規模なもので、本格的に事業化されたのは一八九二年です。

蒸気機関車、蒸気船、そして機織り工場などや発電所で石炭が大量に消費されるようになり、明治末期から大正初期にかけて木材を逆転し、石炭が約八〇パーセントを占めるまでになります。大正期に入ると水力発電への期待が高まり、太平洋戦争の終了時にピークを迎え、総発電量の四五パーセントを占めました。太平洋戦争時に石油などの資源エネルギーは軍需用として使われていたため、発電の多くを水力に頼らざるをえなかった苦しい台所事情を反映している数値と言えます。

## エネルギー自給率とGDPの成長率との相関関係

さて、ここからは、「エネルギーは国家なり」を如実に物語る、戦後のエネルギー自給率とGDPの成長率との相関関係について見ていきましょう。

戦後一五年となる一九六〇年、この時点におけるエネルギー自給率は国内で採掘した石炭と水力を合わせると五八パーセントで、石油は四〇パーセントほどでしたが、一〇年経った一九七〇年には石炭と水力のシェアは一五パーセントと、一〇年間で四三パーセントも減少しました。このときの一次エネルギーの供給構成比の内訳は、驚くべきことに約七〇パーセントを石油が占めていました。そして、一九七五年に石油は八〇パーセントを占めるまでになります。

エネルギー自給率（原発を除く）は、一九八〇年には六パーセントと一桁台へ、一九九〇年は五パーセント、二〇〇〇年代に四パーセント台と下がり続け、その後四パーセント前後で推移してきました。自給率低下の推移と日本のGDP成長率を重ね合わせると、自給率はひたすら右肩下がりで、それに反比例するようにGDP成長率が上がっていることが分かります。

二〇一一年の東日本大震災による原発の稼働停止以降は、家庭での節電意識が高まり、産業界ではエネルギー効率化が叫ばれたと同時に生産拠点の海外移転などによって製造業におけるエネルギー消費量が減少に転じたこと、そして太陽光発電などの自然エネルギー利用の増加もあって、二〇一八年のエネルギー自給率は九・六パーセントまで増えました。四パーセントから九・六パーセントに増えたとはいえ、先進国のなかでは韓国に次いで第三四位と自給率の低さは変わりません。一方の成長率を見ると、二〇一〇年の三・三パーセントを最後に、一パーセント台に近い状態が続いています。

太平洋戦争後の奇跡とも言える復興、「ジャパン・アズ・ナンバーワン」の評価を裏支えしていたのは、石油をベースにした資源エネルギーへの依存にあったことは明らかで、小資源国家日本の経済成長の生命線は外国から輸入される資源エネルギーに握られていたことがよく分かります。皮肉なことに、石油への過度な依存によって、日本経済は第一次、第二次オイルショックの洗礼をまともに被ることになります。

有限とされる資源エネルギーの採掘量が減少に向かえばエネルギーコストが高騰し、エネルギーの自給率が低い日本の経済と産業、そして一般生活に与える影響は計り知れません。敗戦から七五年が過ぎた日本は、現在でも約九〇パーセント強を輸入に依存しているエネルギー小資源国家のままですが、エネルギー政策の議論が十分に深まっているとは思えません。

## 原子力の平和利用というジレンマ

ここで、日本のエネルギー問題において避けて通ることのできない、原子力発電所に関してページを割くことにします。

核開発の歴史は、原子構造の解明がはじまった一九世紀末から数えても一二〇年ほどしか経っていません。理論が確立され、実用化までに要した時間は数十年で、一九三〇年に生まれたのが「最終兵器」とまで言われた原子爆弾です。その原子爆弾が実戦で使用されたのは、日本の敗戦が濃厚となっていた一九四五年八月六日の広島と、同九日に長崎へ投下された二回だけで、それ以降、数え切れないほどの核実験はありましたが、実戦で使用されたことは今日まで一度もありません。

二発の原子爆弾の投下によって、広島では推計で一四万人の市民が投下から四か月あまりの間に死亡し、同じく長崎では推計で七万人の市民が犠牲になりました。七五年経った現在でも、その後遺症に苦しめられている人が後を絶ちません。

公式な発表によると、広島の原爆死没者慰霊碑に奉納されている原爆死没者名簿の登録者数は、二〇一九年八月六日現在で三一万九一八六名に上るとされています。同じく長崎においても登録者数は一八万二六〇一名とされ、アメリカが原爆投下についてその正当性をどのように主張しようとも、二発の原爆によって失われた生命は歴史上最大規模の大量殺人《ジェノサイド》として検証される必要がありますし、長く歴史に刻まれるべき暴挙です。

原子力の平和利用の議論がはじまったのは一九五三年頃で、提唱したのはアメリカでした。原爆による犠牲者への贖罪であるという説もありますが、その後、核開発競争の先頭に立ったことを考えるとまやかしでしかありません。しかし、資源エネルギーが枯渇するという兆しが見えはじめていた先進国の為政者たちは、究極の大量殺人かつ破壊兵器を「平和利用」という美名の包装紙で幾重にもくるみ、原子力発電こそが地球の未来エネルギー、夢のエネルギーであるとして、導入に向かって突き進みはじめました。唯一の被曝国、日本もそれは例外ではありません。

## 核アレルギーと核の平和利用

政府主導で日本の原子力発電所の建設がスタートしたのは一九五四年のことです。決定までの過程で蚊帳の外に置かれた国民の多くが、平和利用の欺瞞性を見抜いて原発導入に反対しました。しかし、政府をはじめとして原発推進派は、反対派の主張を「核アレルギーである」と決め付け、わずか九年前の惨状と失われた尊い命を忘れたかのように反対意見を封殺し、計画を強引に推し進めました。

一九七〇年代に起きた二度のオイルショックは、日本経済に多大な影響を与えるとともに、日本政府はもちろん国民にもエネルギー小資源国家への危機感を強く植えつけることになり、これがエネルギーの安定確保に向けた原発容認という世論を形成することにつながりました。資源エネルギーを輸入に依存するといった不安定要因が経済成長の阻害につながることから、エネルギー自給率を高めるうえでも原発導入は必須となったのです。それ以来、原発は全発電量の二〇パーセントを目途に、主力電源として位置づけられることになりました。

しかし、一九八〇年代半ば、原発が総発電量の約二〇パーセント強を占めるようになった段階でも国民の核アレルギー意識は依然として根強く、夢のエネルギーを手に入れたかのように政府が強調しても、平和利用するというご都合主義への反発は消えることのないジレンマとなって今日まで続いています。にもかかわらず、政府は原発推進の歩みを止めることはなく、むしろ原発政策の拡大に向けて、前だけを見て突き進んでいます。

## 人類が体験した三大原発事故の教訓

最初の原発事故は一九七九年三月二八日に起きました。アメリカ北部のペンシルベニア州のスリーマイル島にあった原子力発電所で発生した事故は、原子炉冷却材喪失という極めて重大かつ深刻なものでした。冷却材の喪失は、原子炉内における核分裂を抑えることができないことを意味し、地球の裏側、中国まで熔解していく『チャイナ・シンドローム』（同名の映画・ジェームズ・ブリッジス監督、一九七九年）現象につながる恐れがあるとされる大事故でした。

スリーマイル島の事故から七年経った一九八六年四月二六日、今度は旧ソビエト連邦（現在のウクライナ）にあるチェルノブイリ原子力発電所で炉心溶融《ろしんようゆう》（メルトダウン）が起きました。チェルノブイリ原発の事故は、スタッフの技術的な未熟さが招いたとされる人為的なことが原因とされています。その一方で、地震が原因という説もいまだにくすぶり続けていますが、旧ソ連時代の秘密主義の壁によって正確なことは不明のままです。

事故から三〇年以上が経ちましたが、チェルノブイリ原発はほとんど手つかずのままとなっており、事実上何も解決していません。コンクリートで覆っていた巨大なシェルター（外観が石棺に見える）も経年劣化でボロボロになり、この石棺をそっくり包む新たなシェルター建設を急いでいます。

チェルノブイリ事故の原因が特定されないまま、二〇一一年三月一一日、東日本大地震で発生した巨大津波に襲われた福島原発では、非常用電源が浸水によって機能しなくなり、炉心溶融が起きました。その様子がリアルタイムでテレビ中継されるなか、原子炉建屋が水素爆発で吹き飛ぶという衝撃的な映像が国内のみならず世界中に配信されました。福島原発の周辺三〇キロ範囲に住む住民は、着の身着のままの避難を余儀なくされ、故郷を追われました（第８章参照）。

事故後に福島第一、第二原発の廃炉が決定しましたが、使用済み核燃料の取り出しはもとより、原子炉内の溶融したスラグは、あまりにも放射線量が高いために詳細を把握することが難しい状態のままです。チェルノブイリ事故の場合と同じように、その処理には今後三〇年から四〇年、いや半世紀以上という途方もない時間がかかるのではないかと思われます。その間、原子炉周辺は放射性物質で汚染される可能性が避けられず、人が安全に住める環境を取り戻すことは極めて難しい状況となっています。

人類の繁栄のためにエネルギーが不可欠であることは否定しませんが、資源エネルギーの大量消費が与える環境負荷が大問題となっている現在、その内の一つである核エネルギーは、改めて人類の存続を危うくする危険な存在となっています。

## 蓄積される核廃棄物の行方

一九五四年、日本政府が「核の平和利用」として茨城県東海村に原子力発電所を造る計画を表明したとき、日本の多くの原子物理学者が、戦前に科学者として戦争に協力したことへの苦い経験と世界で唯一の被曝国であることから反対を表明したことは知られていますが、核廃棄物の問題を早くから取り上げて、警告を発していた地球科学者の存在はあまり知られていません。その地球科学者とは、猿橋勝子（一九二〇～二〇〇七）です。

私は、女性の社会的地位向上のために私財を投じて「猿橋賞」を設けたという程度の浅い知識しかありませんでしたが、教科書の副読本である『子どもに伝えたい・郷土の偉人』（啓林館）の企画で取材原稿を依頼されたことがきっかけで、この学者が原発建設に重要な警告を発していたことを知りました。

戦後、アメリカによって行われたビキニ環礁での水爆実験（一九四六年～一九五八年）で発生した死の灰について、「放射能汚染は海水によって希釈されるので環境汚染の心配はない」とするアメリカの科学者の意見に猿橋は真っ向から反対を説え、一九六二年に渡米して、アメリカの科学者による検査結果よりも一〇～五〇倍もの高い濃度があると、その危険性を証明しました。猿橋の調査結果によって、核実験における安全性の根拠が崩れて国際的な批判が高まり、翌一九六三年に制定された大気圏における「部分的核実験禁止条約」につながりました。

マーシャル諸島共和国に属するビキニ環礁での水爆実験では、一九五四年、日本の漁船

「子どもに伝えたい・郷土の偉人」の表紙（啓林館、2014年）

「第五福竜丸」の乗組員が死の灰を浴び、一人が犠牲になったほか、その他の乗組員も後遺症に悩まされました。これは、広島、長崎につぐ「第二の被曝」と言われています。そして、実験が停止されてから六〇年以上が経った現在でも、ビキニ環礁の島に島民が戻ることはできていません。

死の灰とは、核爆発によって生じた放射能を含む塵が空から降り注ぐ状態を表現した言葉ですが、原子力発電所の発電過程で生まれる高レベル放射性廃棄物も同一のものと言えます。猿橋が著した『猿橋勝子――女性として科学者として』（日本図書センター、一九九九年）において、原子力発電所の建設について述べている箇所を紹介しましょう。

「わが国でも、原子力発電所の建設が、急速にすすめられている。原子力発電の進展にともない、最大の問題は、高レベル放射性廃棄物の安全な処理処分である」としたうえで、「放射性廃棄物の処分としては、地中処分と海洋処分の二通りがある。地中処分については、まだ十分に研究されていないが、人口稠密で国土がせまく、地下水脈の発達したわが国では、かなりむずかしいと考えられている。とすれば、海洋処分を考えなければならない」と記しています。

さらに猿橋は、アメリカでの海洋の放射能汚染の調査結果に基づいて、海洋処分の危険性を強調しながら、「日本人は、世界中の国民の中で、魚をもっとも多く食べるので、水産食品に対しては、いわゆるクリティカル・ポピュレーション（問題となる人口集団）と考えるべきである。

したがって、日本はむしろ、他国が放射性物質の海洋投棄をしないように阻止する立場にある。公海を汚染しないように、国際的な努力をはらうべきときに、他国にさきがけて、太平洋に放射性物質の海洋投棄をはじめるのは問題である」（前掲書、一七九ページと一八一ページから抜粋）と述べています。

この発言があったのは、一九六二年から一九六四年にかけてのころだと思われます。日本政府は学者たちの警告を完全に封殺し、エネルギー安定確保を「国家一〇〇年の計」として「核の平和利用」をスローガンに原発の開発計画を推し進めました。

その後、スリーマイル島、チェルノブイリの事故を突きつけられても、日本の原発は根拠のない安全神話によって次々に建設が進められ、その炉数は四二基に上り、世界第三位の原発大国となっています（二〇一八年現在）。東日本大震災によって安全神話が完全に崩壊し、行き場のない核廃棄物がそのまま保存されている重大な事実が顕在化しているにもかかわらず、政府の軸足は再稼働に置かれたままです。

核廃棄物については、ＭＯＸ燃料（放射性物質のプルトニウムとウランを混ぜた酸化物燃料）への活用や、夢の高速増殖炉「もんじゅ」による核燃料リサイクルなどといった方法が議論されてきましたが、ＭＯＸ燃料の再利用の目途は立っていません。(2) また、増え続ける核廃棄物を安全に処理するためには、フィンランドの「オンカロ」のような地下貯蔵施設に、無害となるまで一

○万年以上埋蔵しておく必要があります。

二〇一六年現在、核廃棄物の総量は一万七〇〇〇トンあるとされており、今後、原発を再稼働すればさらにその量が増加することは避けられません。にもかかわらず、原発を「ベースロード電源」として位置づけ、再稼働させようとしている国の政策は、「思考停止状態」に陥っているかのようにしか思えません。

科学の目指す進歩と人類の歩みは必ずしも同調していません。原発の危うさは、科学技術の進歩に付いていくことができない人類が科学に振り回されていることの象徴であり、それはスリーマイル島、チェルノブイリ、福島という三つの原発事故に共通していることです。今、もっとも望まれることは、一度立ち止まって振り返り、背丈にあうように議論を尽くすことです。

経済成長を遂げてきた先進国のなかでも、日本がとりわけ小資源国家であることについては再三述べてきましたが、歴

「もんじゅ」(写真提供:嶋守さやか)

史的に見ると、近代日本になってから自給できるエネルギー資源のほとんどが水力と石炭にかぎられていました。一九九七年に石炭の採掘が事実上終了してからは、資源エネルギーは輸入に依存せざるをえなくなり、とくに石油に関しては国内における採掘量がほぼゼロで、一〇〇パーセントを輸入している状態です。

次章で取り上げますが、文字どおり夢で終わった高速増殖原型炉「もんじゅ」についても、今なお政府は、フランスなどと開発研究の継続を諦めていません。そこに期待を寄せること自体が、エネルギー政策の議論をいたずらに遅らせることになるのではないかと懸念されます。

原発は、人類が太陽の営みを原子炉の中で再現しようとした、言ってみれば人智を超えた大それた発想に基づいています。太陽に向かって鑞《ろう》の翼で挑み、溶けて落下したイーカロスのように、計画そのものが無謀な挑戦だったことに人類は気付かなければなりません。

## 太陽光発電トップランナーからの脱落

太陽光エネルギーのポテンシャルは、現在の地球上で消費されている全エネルギーの一万倍あるとされています。太陽のもたらしているエネルギーは熱や光だけではありません。風、雨、波

---

（２）（Onkalo）フィンランド語で「小さな洞窟」を意味する。

などの自然現象もすべて太陽の活動によって起きています。熱、光、風、水、波などの自然エネルギーは、太陽が存在するかぎり無限であり、永遠に不滅です。

ただ、太陽エネルギーに由来する自然エネルギーは分散されており、まとまって採掘できる資源エネルギーなどの使い勝手のよさや高エネルギーを得やすいという利点に比べると、「使いにくい」、「効率が悪い」、「安定性に欠ける」などがネックとなり、普及してきませんでした。

資源エネルギーは、燃焼すれば二酸化炭素などの温室効果ガスを排出し、ウランを原発に活用すればするほど核廃棄物がたまるばかりとなります。一方、自然エネルギーはこれらの課題をすべて解消することができ、しかも枯渇の心配がありません。資源エネルギーで支えられてきた経済成長時代は、その枯渇とともに終焉を迎える宿命にあります。だからこそ、資源エネルギーに代わる新しいエネルギー時代へのシフトが急がれているわけです。

小資源国家であるハンディを克服するために日本は、エネルギーを無駄なく消費する、世界でトップクラスの省エネ技術を開発してきました。同様に、太陽光パネルの開発でも世界をリードしてきました。しかし、そうした先端技術が自然エネルギーの普及に活用されてきたかというと、ほかの先進国に比べると明らかに遅れをとっていると言えます。それは、なぜでしょうか。

自然エネルギーについて日本での議論が高まりはじめたのは、バブル崩壊で経済が低迷し、「京都議定書」が交わされた一九九〇年以降でしたが、本格的な動きは二〇〇〇年に入ってからのことです。なかでも、半導体技術で世界をリードしてきた日本は、その半導体を活用する太陽光発電についてトップランナーとなり、他国の追随を許さないほどの高い技術を保持していました。しかし、ここで日本の半導体生産を揺るがす大きな動きがありました。

国内における家庭用、企業用の太陽光発電普及の気運が高まりはじめていた二〇〇四年、当時の小泉純一郎首相は、突然、太陽光発電への補助金の打ち切りを決め、「原発重視」の政策に転換すると発表したのです。これにより、太陽光発電の需要が見る間に減少し、それを受けて日本メーカーによる半導体生産も縮小に向かいました。日本に代わって世界市場のトップに躍り出たのがアメリカで、さらに追随したのが中国、韓国です。

日本には廉価な半導体が中国から大量に輸入され、国産の高品質半導体は市場から駆逐されていきました。日本の半導体シェアは、一九九〇年には世界市場の約五〇パーセントを占めていましたが、二〇一七年には七パーセントにまで落ち込み、トップはアメリカの約五〇パーセント、さらに中国、韓国、台湾などのアジアグループが三八パーセントを占めています（IC Insights,「世界のＩＣ企業別市場シェア調査」二〇一八年参照）。

小泉純一郎元首相は、二〇一一年の福島原発事故を契機に脱原発派に転じましたが、その際、七年前の「原発重視」政策への転換は官僚に騙されたからだと、政策の過ちに関して責任転嫁するような発言をしています。歴史に「もし」は許されませんが、あのとき、もし政策転換がなかったら日本におけるエネルギーの景色はまったく違っていたものになっていたかもしれません。世界の自然エネルギーの流れに乗り遅れた原因がここにあったとしたら、当時、大衆迎合のワンフレーズ首相を支持した日本国民の責任は決して軽くありません。

# 第8章
# 東日本大震災が人類に残したメッセージ

「われわれが核エネルギーから脱却するのは、ドイツの〔政治的〕合意だ。核エネルギーは再生可能エネルギーの時代に到達するまでの過渡期の技術にすぎない。問題は、どれだけ早く到達するかだけだ」

（二〇一一年三月一七日　ドイツのメルケル首相の発言。『エネルギー基本計画2050構想』法政大学出版局、二〇一九年、六六ページ）

## 原発依存に関する議論の虚しさ

二〇一一年三月一一日に発生した東日本大震災がもたらした被害は甚大なものでしたが、それ以上に、世界のエネルギー政策に与えた衝撃度の大きさは今後もずっと語り継がれることでしょう。大津波に襲われ、非常用電源を失った「福島第一原子力発電所」が停止に追い込まれ、同時に各火力発電所なども地震で停止し、震災発生から一週間以内に復旧した一部の火力発電所を除いて、東京電力は総出力で約一七〇〇万キロワット（福島第一・第二、柏崎刈羽原発）を喪失するなど未曾有の電力危機に直面しました。さらに、国内の原子力発電所が安全点検のために停止し、電力供給は火力発電と水力に頼らざるを得なくなり、電力の供給量が激減しました。

影響がもっとも大きかったのが東京電力管内で、太平洋戦争直後の混乱期以来の計画停電(1)が実施され、日常生活はもとより、病院などの医療施設や産業界は大混乱に陥りました。各地の原子力発電所が安全審査で停止したために夏場の電力不足は日本全国に拡がり、計画停電は東北、関西、九州まで広範囲で実施され、翌年の冬まで続けられました。

まだ記憶に新しいところですが、計画停電の時間が近づくと停電する地区と時間を告げる防災無線放送の声が街中にこだまのように鳴り響き、停電になった家庭の明かりは電池式のランタンやロウソクで、街灯が消えたために街全体が薄暗くなり、さらに人影まで消えたのでゴーストタウンのような不気味さを呈しました。また、通勤電車は間引き運転や運休となり、乗客の姿がまばらな駅では構内とホームの照明が削減されたほか、スーパーや百貨店では営業休止に追い込まれ、企業や役所ではエレベータやエスカレーター、エアコンなどの利用が制限されました。

この計画停電がエネルギー依存社会に投げ掛けた壮大な社会実験となったのではないかと私は受け止め、これを契機に、日本人のエネルギーに対する意識がどのように変化するのかと注目していました。しかし、火力発電による電力供給が高まるにつれて、夏になると「熱中症対策」としてエアコンの使用を全国的に奨励するなど、まるで計画停電などなかったかのように、二年も経たないうちに震災前と変わらない日常に戻ってしまいました。

## 原発事故から九年経っても約六万人が避難生活

福島第一原子力発電所の崩壊によって放射性物質が大気に放出され、周辺地域に拡散しました。それによって土壌、河川、海洋が汚染され、放射能が検出されたため、土壌については農作物や

（1）　正式には「輪番停電」と言われ、電力供給不足を補うために、電力会社が一定地域ごとに電力を供給したり停止したりしました。

畜産物、海洋については水産物への風評被害に地元は悩まされることになりました。震災から間もなく一〇年が経とうしていますが、メルトダウンした燃料デブリ（残骸）と保管されている使用済みの核燃料の原子炉内からの取り出しは手探り状態が続いています。廃炉は決まりましたが、そのロードマップはいまだ明確に示されていません。本書の原稿を書いている二〇二〇年段階でも、原発の廃炉作業はまだ緒についたばかりで、処理にかかる莫大な費用を含めて課題は山積となっています。

まだあります。原子炉内に残されたままの燃料デブリなど核燃料を冷却した水も汚染されたままなのです。風評を恐れる地元漁業者の強い反発もあって海に放出することができず、敷地内の処理水タンクに貯め込まれていますが、東京電力は二〇二二年に保管量が限界に達すると試算しています。また、原発周辺に野積みされていた汚染土壌が二〇一九年に発生した台風19号による大雨で流出し、環境への影響が危惧されたことについて小泉進次郎環境大臣は、具体的な根拠を示さないまま「環境に影響はない」と判断しましたが、あまりにも思慮に欠けた発言であるとして批判の声が上がりました。

原発周辺に暮らしていた住民のうち、六万人近くがいまだに避難生活を強いられています。原発から半径三〇キロ圏内では人が住むことはできず、これから先、「安全」とされるレベルに戻るまで最低でも四〇年、場合によってはそれ以上の時間が必要とされています。すでに多くの避難者が故郷に戻ることをあきらめ、新たな地に生活の拠点を構えざるをえないという状態に置かれています。一九六六年のソビエト時代に発生したチェルノブイリ原子力発電所の事故と同等か、それ以上の大きな災害であり、収束の目処は不透明なままです。

## 人類の夢を壊す夢のエネルギー

原発の燃料であるウランも有限な資源エネルギーです。日本政府は使用済みの核燃料から新たに燃料をつくり出して利用する「高速増殖炉」という夢のような計画を掲げ、小資源国家の日本の救世主になるのではないかと国民の期待感を大いに煽りました。しかし、事業費に約一〇〇〇億円をかけた高速増殖原型炉「もんじゅ」は冷却剤の漏洩事故で二〇一八年に廃炉が決まり、文字どおり「夢の原子炉」になってしまいました。

いずれにしても、核燃料で稼働させる原発の最大の問題は、ひとたび事故を起こすと人類の存続を脅かし、取り返しのつかない結果を招く危険性から永久に逃げ出すことができないという点です。これが、原発に突きつけられている結論です。

人類の科学技術は進歩しており、新たな技術開発によってさらに安全な原発が実現可能になるという意見も根強くありますが、誕生してから約六〇年が経過して、その間に一歩間違えれば大事故につながっていたかもしれない人為的なトラブルが数知れず発生していたことを忘れてはいけません。技術の進歩だけでは安全を担保することが事実上不可能であり、それに加えて使用済み核燃料の処理方法が見つかっていないのです。どんなに「夢のエネルギー」であるともち上げられても、「人類の夢を壊すエネルギー」である以上、原発依存に固執することはエネルギー政策全体の方向を見誤ることになります。

にもかかわらず日本政府は、福島原発事故を受けて世界でもっとも厳しい安全基準を定め、その審査に合格した原子炉の再稼働を認めることにしました。停止した原発の再稼働の是非は裁判にもち込まれ、司法の判断に委ねられていますが、司法は安全基準に準じて合格していることを理由に、一部の裁判を除いて再稼働を許可する判断に傾いています。

一方、原子力規制委員会の見解は、安全基準に合格したからといって原発が安全であることを保証するものではない、としています。また今後、安全基準に合格した原発が順次再稼働されていくことになったとして、それによって増え続ける核廃棄物の処理・保管をどうするのかという議論が一向に深まっていないことを忘れてはなりません。

## すべての原発の廃炉に踏み切ったドイツ

福島原発事故発生の報を受け、それまで原発に肯定的だったドイツのメルケル首相が国内にある原子炉の廃炉を決断したのは、事故の三日後でした。メルケル首相の決断は、脱原発を掲げる「緑の党」の進出を受けてのことであったという報道もありましたが、一説には、日本の原子力技術や最新の科学技術をもってしても地震という脅威から原発を守ることができないという現実を目の当たりにしたからだ、とも言われています。

メルケル首相の決断についての報道は、日本国内ではいかにもドイツ人らしいとか、唐突だなとか、受け止め方はさまざまだったのではないでしょうか。ドイツのエネルギー政策は国民との対話を重視しており、原発を推進しながら自然エネルギーへの転換について同時進行で議論されてきました。ですから、原発についても、稼働を開始した段階で廃炉へのロードマップが描かれていたと言われています。そして、常に「安全なエネルギー政策」の実現を目標に掲げてきたことから、福島の原発事故を契機に廃炉を決定し、エネルギー転換政策を実行に移したのです。だからこそ、ドイツ国民も政府の決定を冷静に受け止めることができました。

一方、福島原発の事故発生と同時にフランス大使館は、日本国内に滞在しているフランス人に対して速やかに退去するように指示を出しました。原発大国であるフランスは、チェルノブイリ事故が発生したとき、その被害の大きさを日本政府以上に深刻なものとして受け止めていましたので、自国民を日本から退去するよう促したと推測できます。

余談ですが、私の妻は茶道の指導をしていたのですが、生徒だったフランス人女性が福島原発事故発生直後に東京を離れ、関西空港からフランスに帰国しました。離日する直前、妻に電話があり、「先生も早く避難してください」と切迫感のある声で連絡してきたそうです。もちろん、私たち夫婦はどこにも逃げようがなかったのですが、原発事故への危機感が日本人以上に強かったことを裏付けるエピソードとして記憶に残っています。

原発がもたらす利益と不利益を常に天秤にかけ、万が一の事態に備えて準備の怠りないドイツやフランスに比べると、地震大国でありながら襲い来る津波の規模すら過小評価して、対応が後手に回った日本の原発政策のあり方には改めて疑問が生じます。EUでは、ドイツ、フランスをはじめとして加盟国の約半分が原発に依存しています。しかし、EU本部は、新規の原発建設については、加盟国の自主性を尊重するとしながらも消極的な姿勢をとっており、軸足は「脱炭素社会」を掲げて自然エネルギーへの移行に向かって加速しています。

### なぜ、ドイツにできて、日本ではできないのか

日本の原子力政策は政府主導による国策とされ、国民は常に外野席に置かれたまま、原発によるエネルギーの「安定供給」、「安全神話」、そして「安価」という三つの「安」を刷り込まれてきました。本章の扉に記したメルケル首相の発言からも分かりますが、ドイツのエネルギー政策は国民との合意が前提となっています。エネルギー政策に国民が主権をもって参加できるかでき

ないかという点で、日本とドイツには決定的な違いがあります。

福島原発の事故以降、ドイツだけでなくイタリア、スペインなどといった原発導入国が脱原発に舵を切りはじめています。事故当事国の日本政府は、廃炉の方向を模索しながらも、その一方で原発をベースロード電源と位置づけてきたわけですが、二〇一八年に決定したエネルギー基本計画において、ようやく再生可能（自然）エネルギーを主電源にするとしました。それでも、「原発をベースロード電源とする」という文言は残されたままです。

人類史上、過去三回にわたって発生した原発事故がもたらした被害規模は、火力発電や水力発電で起きた事故とは比較にならないほど甚大なものです。ましてや、事故後の住民生活、健康、さらに自然環境に与える影響が計り知れないことを考えると、原発依存から抜け出せない日本政府のエネルギー政策は、経済が最優先で、国民の生命、生活にかかわる安全面を「二の次」にしているのではないかと思えてなりません。

さらに、原発を手放さない理由として、単に小資源国家であることだけでは説明がつかないないことがあります。それは、日本政府が「原子力発電所」の輸出を経済成長戦略に組み込んでいることです。二〇一八年、日本は官民が一体となって原子力発電技術をイギリス、トルコ、ベトナムなどへ積極的に売り込みました。結果はどうであったかというと、交渉は難航し、どの国とも契約に至らず、参加した東芝、日立製作所、三菱重工などの企業は撤退を余儀なくされました。

福島原発の事故処理に目途が立たず、国際社会におけるエネルギーの潮流が自然エネルギーに傾いているなか、原発が絶対に安全であるという保証がないかぎり、これからも国際社会は原発に背を向けていくと考えるべきでしょう。

## 東日本大震災を契機に何が変わったか

二〇〇四年の太陽光発電への補助金打ち切りから二〇一一年の東日本大震災までの七年間、世界に目を転じると、地球温暖化防止のために脱炭素社会への動きを加速し、それに合わせて日本も、二〇五〇年までに温室効果ガス排出量を六〇〜八〇パーセント削減し、脱炭素社会に挑戦する基本計画を二〇一八年にまとめました。しかし、計画内容は行動目標に留まっており、自然エネルギーへの転換に関しては具体策がまったく示されていない乏しい内容でした。これも、原発ありきとする前提が、太陽光や風力などの自然エネルギーに対する議論の障害になったのではないかと考えられます。

東日本大震災による福島原発の惨状を目の当たりにした筆者は、脱原発から自然エネルギーへ向かうのではないかと思いましたが、大震災から六年後の二〇一七年でも自然エネルギーの全発電量に占める割合は一〇パーセントで、ドイツなどの二二パーセントに比べると半分以下に留まっています。そればかりか、日本政府は廃炉の方針を示しながらも再稼働を容認するという、ブレーキを踏みながらアクセルを踏む「二律背反政策」を打ち出しています。

さらに、四〇年間稼働した原発の原則廃炉を見直したことや、二〇一五年のエネルギー・ベストミックス（電源構成）で原発をベースロード電源として位置づけたことは「自己撞着」と批判されても仕方がないでしょう。「ベストミックス」や「ベースロード」などといったカタカナ表記に込められたまやかしが、脱原発に動く先進諸国でどのように受け止められているのか気になります。

安全神話に基づいて運営されてきた原発は、国民の反対意見を押し切る決まり文句として、ほかの電源に比べて発電コストが安く、原油や石炭などに比べると温室効果ガスの発生が少ないので環境に負荷をかけないといったメリットばかりが強調されてきました。その安全神話が崩壊し、発電コストの安さについても、建築費用やメンテナンス、原発事故の処理費用が莫大であることから説得力を失い、事故によって拡散された放射性物質のもたらす危険性は温室効果ガスどころではなくなりました。

それでも原子力を国家の根幹エネルギーとする政策から転換できないのは、日米で交わされた原子力協定のしばりがあるからだと言われています。日本の原発はアメリカと協調しながら開発を持続していくことになっており、日本が独自に脱原発に方向転換することができないのです。

脱原発は、日米間においては「タブー案件」とまで言われています。このような前提をふまえると、日本政府がなぜ脱原発が決断できず、自然エネルギー導入に消極的なのかもよく分かります。

## 死語となった日本発の省エネ技術

「省エネ」という言葉が使われるようになったのは、一九七〇年代のオイルショックに端を発しますから、間もなく半世紀を迎えることになります。小さなエネルギー消費で大きな働きを得る「省エネ」は、貴重な資源を無駄なく活用することが不可欠である日本だからこそできた先進技術です。

エネルギーの消費効率が求められる家電業界や自動車業界は、競って省エネ技術の開発を行いました。そして、製造された省エネ製品は、電気料金などが軽減するという宣伝効果もあって一大ブームとなり、一九七〇年代の経済成長を大いに後押ししたものです。さらに、一九八九年には「エコマーク制定」がなされ、エコ商品は日用品から文房具、建材、ファンション、化粧品などと幅広く拡がっていくことになりました。なかでも自動車業界では、燃費効率の高い新型エンジンの開発競争が激化しました。

省エネ技術は、エネルギー資源が豊富な欧米ではそれほど重要視されませんでした。むしろ、一九七〇年に施行された「マスキー法」（大気浄化法）のように、環境汚染問題からの排出ガス規制に重きが置かれていました。いまだに語り継がれている次のエピソードが生まれたのも、この時代ならではことでした。

　自動車の排ガス規制法として誕生した「マスキー法」ですが、当時、実際に走行している自動車で、「マスキー法の基準をクリアするものはないだろう」と言われたほど厳しい規制でした。しかし、日本車にマスキー法を適用してみたところ、何とホンダ社製のＣＶＣＣとマツダのロータリーエンジンが基準をはるかにクリアしていることが分かり、世界に衝撃を与えました。

　ホンダ車、マツダ車、ともに燃費のよさを追求した省エネ型エンジンで、それが世界一厳しいとされたマスキー法を問題にしなかったのです。このことがあってから、日本の省エネ技術は環境問題とリンクされるようになり、日本は「省エネ技術先進国」として世界をリードすることになりました。

　しかし、世界を驚かせてから五〇年が経った今、日本生まれの「省エネ」が死語になりつつあります。二〇一八年、安倍晋三首相（当時）は、原発と火力発電所をイギリスやアジア諸国に売り込む演説のなかで、とくに火力発電所について「日本には世界最先端の省エネ技術がある」と省エネをセールスポイントとして強調しました。この発言に対して、ヨーロッパの環境団体がい

エコマーク

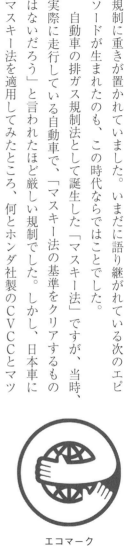

っせいに猛反発したことは記憶に新しいところです。

猛反発の根拠は、省エネ技術というのは一九七〇年代の古びた発想であり、資源エネルギーをベースにした火力発電の推進は、二〇一六年に発効した「パリ協定」にそもそも反しています。日本政府は「パリ協定」に署名していますから、本来なら脱炭素社会に向けた省エネ議論を展開すべきところなのに、資源エネルギーを推奨する日本の最高責任者の発言は時代に逆行したものとして批判の的にさらされたわけです。

〈日経新聞〉の二〇二〇年四月一五日付の記事を見ると、「石炭火力　3メガ銀が融資停止」という見出しのもと、みずほフィナンシャルグループ、三井住友FG、三菱UFJフィナンシャル・グループが石炭火力への新規融資を停止し、現在ある残高についても段階的に減らす方向を示しています。欧米の金融機関が気候変動対策に先行していることを受けての方針決定です。これをふまえてか、二〇二〇年七月、日本政府は旧式石炭火力発電の九〇パーセントを休廃止すると発表しました。

また、同年一〇月二六日、菅新首相は就任後初の所信表明演説で、二〇五〇年までに温室効果ガスの排出量を実質ゼロにする「脱炭素社会」宣言をしました。しかし、これを実現するためには、原発の再稼働が必要であるとする意見が早くも上がり、原発依存への高まりが懸念されます。日本のこのような動きは、国際社会の批判にこたえざるを得なくなった結果だと言えます。

# 第9章 二〇〇年への準備

「地球は人間なしで存続できても、私たちは地球がなければ存続できない。先に消えるのは、私たちなのです」

（ＳＤＧｓのとりまとめに奔走したナイジェリア出身のアミーナ・ハメッドさんの言葉。冊子「２０３０ＳＤＧｓで変える」朝日新聞社、二〇一七年より）

## 地球人口一〇〇億人時代へ

二一〇〇年まで時間はまだ十分あるように思えますが、地球環境、なかでもエネルギー問題と食糧問題についてはそれほど余裕があるとは言えません。人口の増加に伴ってエネルギー需要の増加が避けられませんし、増産が求められる食糧問題については、気候変動の原因となっている温暖化をどこまで抑えることができるかという課題と表裏一体になっているだけに、すでに国ごとではなく、地球という「一軒家」全体で捉えていく段階に来ています。

産業革命以降、何段階ものエネルギー革命を経て産業が拡大し、経済が成長し、人類は豊かな生活を享受してきました。しかし、これから先も現在と同じような生活レベルを維持し、豊かさを持続できるのかについては不透明感を増しつつあります。ここでは、来るべき二一〇〇年がどのような時代になり、それに合わせて私たちはどのような産業や経済、生活の形を選択する必要があるのかについて考えていきたいと思います。

言うまでもありませんが、今、地球上で起きていることの延長線上に二一〇〇年はあります。大切なことは、現在の視点に立って、その問題点を共有したうえで未来への準備をすることです。それが、「一軒家」を次世代に引き渡すために求められていることなのです。

### 地球人口が約一〇〇億人に到達するのは二〇五〇年

国連の人口推計二〇一九年度版によると、地球人口が約一〇〇億人に到達するのは二〇五〇年とされています。そのまま推移すると、二一〇〇年には一〇九億人を超えることになります。アメリカを除く先進国は少子化が進む一方で、インドが中国を抜いて人口で世界一位になり、開発途上国の東南アジア、アフリカ、中南米を中心にして人口増加が続くと予測されています。なかでも、サハラ以南のアフリカ諸国では、二〇五〇年までに人口が倍増するとされています。

世紀ごとの増加を比較すると、一九〇〇年の地球人口は一六億人で、五〇年後の一九五〇年には二五億人、さらに二〇〇〇年時点では六一億五〇〇〇万人でした。この一世紀で約四五億人増えたことになります。現在の予測どおりだとすれば、二一〇〇年までの増加数は約四八億人を超える計算になります。増加率で言えば二〇世紀よりも低いのですが、人口一〇〇億人がもたらすインパクトは、「一軒家」の地球にとっては計り知れないものとなります。

二〇世紀は、産業、食糧生産、科学技術、医療・医薬などといったあらゆる分野で、人類がもっとも進歩した一〇〇年と言われています。そして二一世紀に、環境問題と資源枯渇という「二つの負の遺産」が引き継がれ、人口増加によってこれから加速するであろうエネルギーと食糧需要の増大という新たな課題に立ち向かわなければなりません。

地球人口七六億人二〇一八年から三二年後となる二〇五〇年には、約三三パーセント増える人口の食糧需要を賄う必要があるわけですが、これに加えて、深刻化する地球温暖化による気候変動が食糧生産に陰を落とす可能性をあらかじめ考えておく必要があります。そして、資源エネルギーのストックが減少していけば、あらゆる産業への影響は避けられないでしょう。それでも地球は「一軒家」しかないのです。

右肩上がりに成長した二〇世紀の先進国経済は、二一世紀に入ってから陰りが見えはじめています。二一〇〇年に備えるには、資本主義に代わる、もしくは資本主義を修正した新しい経済体制の構築が急務となるでしょう。かぎられた資源を浪費しながら続いてきた進歩と発展ですが、その価値観や社会の枠組みを革命的に変えるパラダイムシフトが世界のリーダーに求められることになります。

## 人口増加の先に待っていること

二〇一〇年に地球人口が初めて七〇億人を超えたとき、全人類がアメリカ国民と同じレベルの生活をしたら、地球の資源はわずか五年で底をつくと言われました。このことが意味しているのは、富の偏在による格差で地球はバランスを取って成り立っているということです。

昔から「富は偏在する」と言われてきたわけですが、二〇世紀の半ばあたりから、全人類の約一〇パーセントが地球の富の八〇パーセントを収奪していると言われるようになりました。このような状況は、二一世紀に入ってからもほとんど変わっていません。北半球に存在している先進国に暮らす七億人が、富の八〇パーセントを占めているというのが現実です。

それに加えて、成長著しい中国、そこに続くインド、ロシア、南米、アジア、アフリカ諸国といった新興国や開発途上国が、経済レベルを先進国並みに引き上げることを目指しています。途上国による成長のインパクトがどれほどの大きさかというと、人口一三億のインド国民がアメリカと同じレベルの生活を実現したら、地球の資源は一〇年で枯渇するとされています。このような予測を非現実的なものと捉える専門家もいますが、中国における成長の速さを見れば、あながち見当外れなことだとは思えません。

一四億の人口を抱える中国、一三億のインド、この二つの国が先進国並みの成長を遂げていけば、その巨大市場で消費されるエネルギー量は容易に想像することができます。排出される温室効果ガスも想像を絶する量になるでしょう。このまま何も手を打たないと、今世紀末には地球の温度は現在よりも約四度上昇するとＩＰＣＣが予測しているように、地球の温暖化は確実に人類の生存を脅かす状態へと突き進むことになります。

二一世紀に入ってから、地球温暖化が原因とされる大型の台風、ハリケーン、竜巻が異常発生しています。豪雨による洪水、土砂崩れや暴風による大災害に見舞われる地域は世界中に拡大しています。日本でも、毎年のようにどこかで豪雨による大災害が発生して甚大な被害をもたらしており、これらの災害が先進国のＧＤＰを押し下げる要因になっています。

さらにアメリカの西海岸では、気温上昇による極度の乾燥で山火事が毎年発生していますし、二〇一九年にオーストラリアで発生した森林火災は二か月わたって続き、一つの州がなくなるほどの大規模災害になりました。異常乾燥による自然発火という説もあるようですが、火災の規模があまりにも大きすぎるために人間の力では消火できず、「燃えるに任せる」しかない状態にまで追い込まれました。その森林火災を鎮火したのは、記録的な大雨であったと報告されています。異常気象で起きた火災を異常気象の大雨が消火したことになり、人類の科学技術ではもはや止めることができないほど地球温暖化による気候変動は暴走化しています。

## 停滞する先進国、成長する新興国と途上国

先進国でも開発途上国でも、経済成長の過程においては必然的に格差が生まれます。多くの場合、その社会の歪みがさらなる格差へと拡大する「負のスパイラル」を生み出すことにつながります。

第二次世界大戦後に先進国とされた国は約一〇か国でした。その多くが現在でも先進国としての地位を保持していますが、各国とも共通の課題を抱えています。一つは経済成長が鈍化していること、そしてアメリカを除いた国では、少子高齢化によって高齢者対策の医療と福祉のための

社会保障費が国家予算の多くを占めるようになったことです。

二〇〇七年に超高齢社会に突入した日本では、その後も人口減少に歯止めがかかっておらず、このまま進むと二〇六五年には全人口の二五パーセントが七五歳以上の後期高齢者によって占められると予測されています。労働人口の減少に加えて、人件費を抑えるために国内企業が生産拠点を賃金の低い途上国に移しているため平均賃金が下がり続け、長期にわたるデフレから抜け出せない状態が続いています。

エネルギー政策の見直しが進むＥＵ諸国では、フランスのように原発を基幹エネルギーとして継続する国がある一方、ドイツ、イタリア、スペインのように脱原発に舵を切る国もあります。二〇一一年の福島原発の事故を契機に、世界のエネルギー地図は大きく書き換えられたわけですが、太陽光、風力、水力、地熱など自然エネルギーへの転換を図っている国では電気料金が高騰しており、企業から一般家庭まで負担増につながっています。この点からも、無尽蔵に資源エネルギーを消費することができた資本主義経済そのものの見直しを含めて、各国の経済政策の大転換が避けられない状態にあります。

そのようななか、国策として原発を売り込んでいるのがロシアです。開発途上国に対して原発導入に必要な建築、運営管理、メンテナンスなどの経費負担を軽減するという条件を提示して、契約を取り付けるという動きが見られます。ただ、そのバーターとして原発導入国の経済的なイニシアティブを握るという目算があるため、中国が実施している債務外交と同じく、途上国のなかには警戒している国も出てきています。

いずれにせよ、原発導入に前向きな国は、経済成長に欠かせないエネルギーの課題を手っ取り早く解決するために、原発に潜んでいる危険性も「背に腹は代えられぬ」という判断をしているのでしょう。しかし、原発問題は危険性だけではありません。何度も述べてきたように、原発から排出される核の廃棄物処理をどうするのかという未解決の問題があります。このまま原子力発電所が増え続ければ、その処理ができないまま、たまる一方の核廃棄物はすべて、次世代のみならずその先の世代までの負担となります。

経済成長ばかりに目を奪われ、地球に致命傷を与えかねないほどのリスクがある原発を導入しようとする国家のリーダーに求められるのは、目先ばかりではなく一歩立ち止まって振り返る、臆病なほどの慎重さでしょう。

## 先進科学技術への過度の依存は国家を脆弱にする

人類は過ちを犯す動物ですが、システムは過ちを犯さない——先進の科学技術は、こうした幻想をつくり続けてきました。その幻想が崩れたのが福島原発の事故です。問題となるのは、自ら開発してきた先進の科学技術にどっぷりと浸かって、人類の能力を超えたシステムをつくり、さらにシステムで完全にコントロールできるという「神話」をつくり上げてしまったことです。過信にすぎないこの神話を否定することは科学技術を否定することと同義となり、いつしか人類は、自ら開発したシステムに使われていることを忘れてしまいました。ここに、本質的な問題が潜んでいます。

二〇世紀後半から二一世紀にかけて進歩してきた科学の万能性に対して、科学者の警告する声が高まった時期もありました。しかし、科学技術の進歩に依拠する工業、農業、通信から医療などの生命科学に至るまで、あらゆる分野からの強い声に打ち消され、科学は万能性から神の領域にまで踏み込むという途をたどり続けています。私たちを取り巻く生活環境を支配しているのはコンピュータを駆使したＩＴ社会ですが、こうした先進技術はその脆弱さを頻繁に露呈していまず。福島原発の事故は、科学を盲信することでつくり上げた「安全神話」が崩壊した象徴として、人類史に記録されることでしょう。

## インターネットの与えるインパクト

政治、経済、情報から買い物など日常生活までインターネットがなかったら社会が回らなくなっていますが、セキュリティ面でのトラブルが後を絶ちません。国家機密、企業や金融関係の顧客情報からSNS関連の個人情報まで、情報漏洩などによる社会トラブルが年々複雑になっているうえに猛烈なスピードで拡散しています。IT社会がもたらすツールや情報などは、人類が本能としてもっている生活のリズムやテンポを超越しており、そのために判断力や知性の退化を招き、目先の利便性や利益の裏側で進んでいる弊害の大きさについて真剣に議論することを忘れ去っているかのようです。

気が付かないうちに便利さと快適さに絡みとられ、警戒心も恐怖心も薄れ、システムの前にひれ伏すかのような人類が増大しています。自らがつくり出した科学万能社会を維持するためにさらなる進歩を求め続け、立ち止まることが許されない「負のスパイラル」に陥っているからとしか言えません。このような社会で、果たして人類として存在していくことにどのような意味があるのでしょうか。ルネサンスのように、人間復活が果たして再来するのでしょうか。先が見通せない深い闇が横たわっているだけです。

### 飽食という究極の無駄

私たちの生活は、収入や支出という金額の多寡が経済的な豊かさを測る尺度となっています。人地球という「一軒家」に住む生き物のうち、貨幣を使って生活をしているのは人類だけです。人類以外の生物は、生命を維持し、種を残すために食べています。では、貨幣を持った人類はどうでしょうか。同じ地球上には、その日の食べ物を手に入れるのに苦労している人々がいる一方で、食べることそのものが目的化した、いわゆる飽食生活を送っている人々がたくさんいます。

手段が目的化すると、食事は美食にはじまり、楽しみを追い求め、腹いっぱいになるまで、もしくは欲望が満たされるまで食べ続けることになります。しかし、その欲望を満たそうとしても、すべてを食べ切ることができず、食卓などには料理が余り、それらが生ごみとして消えることになります。

食を楽しむ、味を堪能することを決して否定しませんが、それと飽食とは別問題です。飽食とは飽きるほどいっぱい食べるという意味ですが、日本では大盛りを競う店がテレビ番組などで面白おかしく取り上げられ、アメリカではホットドッグやハンバーガーの早食い大会が世界中に配信されています。ここまで来たら、食を、いや生き物の尊い命を弄んでいるとしか思えません。また、バイキング方式の食べ放題では山盛りになるほど料理を皿に取り、挙げ句の果てに食べきれずに残してしまうという体験が誰にも少なからずあるでしょう。

日本の食品廃棄物は年間二七五九万トンに上っています。そのなかで、食べられるのに捨てられる「食品ロス」に該当する量は年間で六四三万トンと推計されています。その内訳は、一般家庭からのものが二九一万トンで、残りの三五二万トンが飲食店やコンビニなどからのものとなっています。いずれも廃棄理由は、規格外品、返品、売れ残り、食べ残しです（「平成二八年度推計」

農林水産省食品廃棄物等の発生量)。

食糧自給率(カロリー換算)が三八パーセント(「平成二九年度食糧需給表」農林水産省)しかない日本で、こんなにも食べ物が無駄にされているのです。「食品ロス」などという表現は優しすぎるほどです。果たして、これが豊かさなのでしょうか。いや、食べることが生きる手段であることを忘れた、飽食化した民族のつくり出した異常な社会現象と言うべきでしょう。「日本伝統の食文化で世界中の観光客をもてなす」などと観光庁は囃し立てていますが、誇れるような文化とはとても思えません。

目を世界に転じてみると、食品ロスは先進国共通の問題であることが分かります。国際連合食糧農業機関(FAO)が二〇一一年に発行した『Global Food Losses and Food Waste(世界の食料ロスと食料破棄)』によると、その廃棄規模は年間一三億トンで、消費のために生産された食料の三分の一が捨てられている計算となります。

廃棄量は中・高所得諸国ほど高く、ヨーロッパと北アメリカにおける一人当たりの食料が二八〇~三〇〇kg/年であるのに対して、サハラ以南アフリカと南・東南アジアでは六~一一kg/年でしかありません。先進工業国も開発途上国にも食料ロスは存在するのですが、開発途上国における食料ロスの四〇パーセント以上が収穫後の加工段階で発生しているのに対して、先進工業国では同じ比率のロスが小売りと消費者の段階で発生しています。ちなみに、先進工業国の消費者段階での食料ロス（二億二〇〇〇万トン）は、サハラ以南のアフリカ諸国で生産されている食糧量（二億三〇〇〇万トン）に匹敵します。(1)

## 廃棄物の処理に使われる費用

第6章でも述べましたが、江戸時代は資源を余すことなく生かす循環型社会でした。明治政府になって国家体制が一八〇度転換したあとも、庶民の日常生活はそれほど大きく変化したわけではありません。新時代に戸惑いながらも、人々はモノを大事にし、節約・倹約する「もったいない精神」の暮らしをごく自然に続けていました。

節約、倹約の生活に終止符が打たれたのは、太平洋戦争の敗戦によって民主主義社会になり、資本主義が大津波のように押し寄せた一九四五年以降からです。戦時中のスローガン、「欲しがりません勝つまでは」から「消費は美徳」へという真逆な環境に置かれた国民は、国の政策によってモノを買うことや持つことを競い合うようになりました。「消費は美徳」に乗せられ、踊らされた国民の意識は、それ以来、今日に至るまでほとんど変わっていません。

（1）　ＦＡＯでは食品ロスを「食料ロス」と表記していますので、そのまま転載しました。「世界の食料ロスと食料廃棄——その規模、原因および防止策」社団法人国際農林業協働協会翻訳・発行、二〇一一年参照。

消費にばかり目を奪われ、排出され、蓄積された大量の廃棄物に気付いたときには、すでに後戻りすることができないほど環境汚染が進んでいました。廃棄物は海や山に埋め立てられ、ごみ焼却場の煙突から排出されたダイオキシン、汚染される河川、自動車や工場から排出される二酸化炭素などで汚れる大気など、どれも処理能力が追い付かず、人々の生活と自然環境を徐々に、しかし着実に脅かしはじめたのです。

循環型社会が提唱され、３Ｒ（リデュース、リユース、リサイクル）活動が普及したものの、大量消費を抑制することは難しく、大量廃棄物の流れを止めることもできず、増え続ける廃棄物の処理にかかる費用は毎年一兆円超に達しています。

## 自動車中心の社会はどのように変わるか

一九〇〇年代初頭に大衆車である「Ｔ型フォード」が世に送り出されてから、自動車の生産台数、販売台数が常に経済の核に据えられ、新しい技術と資源、資本の投入が続けられてきましたが、ここ五〇年ほどは地球温暖化の主犯格として多くの非難に曝されてきました。このままガソリン車が生き残れるかどうかは、環境問題と資源エネルギー枯渇問題をリンクして考えていかなければなりません。

「アース・ポリシー研究所」の所長であるレスター・ブラウン（Lester R. Brown）は、自著『地球に残された時間』（枝廣淳子・中小路佳代子訳、ダイヤモンド社、二〇一二年）のなかで、「『化石燃料を基盤とした、自動車中心の使い捨て経済』は、それを形づくった国々にとっても、そういった国をお手本にしている国々にとっても、もはや持続可能なモデルではない」と明言しています。二一〇〇年に向け、今この言葉が現実味を帯びてきています。

## 手段が目的化したことによる自動車の弊害

生きるための手段である食事が飽食化したように、自動車も手段が目的へと変化した典型的な例の一つと言えます。モノと人を運ぶ手段として発明、開発された自動車は、普及が進むにつれて運転する楽しみへと変化していき、ドライブそのものがレジャー化し、スポーツ化が急速に進みました。自動車メーカーの言葉巧みな宣伝効果もあって、やがて自動車を所有することが豊かさのシンボルになり、ついには所有することが目的化していきました。めったに乗ることもないのに、とりあえず自動車のオーナーになることに満足する、こうして生まれたのがホリデードライバーです。

先進国は、例外なく自動車の普及を経済成長の軸に据える政策に力を入れ、自動車産業を支えるために道路整備や高速道路建設という公共事業に膨大な国家予算を投入しました。一般道は走りやすくなり、どこまでも続く高速道路の整備によって自動車の所有者は増えました。それまでは列車を利用していた旅行や里帰りが、自動車に取って代わられました。さらに大都市では、渋滞の原因であるとして路面電車の線路を剥がし、地方都市では自家用車が普及したことで公共交通のバスや電車の利用客が減少して事業として成り立たなくなり、縮小もしくは廃線に追い込まれていきました。

一時に比べると見かけることが少なくなりましたが、スポーツカーも大人気となりました。スポーツカーって、なんとも不思議なネーミングです。普通の乗用車と比べてスピード性能に特化している車でスピードを競うレースが世界各国で開催されています。開催する目的は自動車の性能向上に置かれているのですが、これを「スポーツ」と称するところが滑稽だと思いませんか。

確かに、猛スピードの自動車をコントロールするドラ

開通した首都高速４号線、赤坂見附付近（1964年８月１日）（写真提供：東京都）

イブテクニックはスポーツと見立てることもできますが、どう考えても身体のためにいいとは思えません。貴重な資源エネルギーを無駄に消費するだけですし、温室効果ガスをまき散らすことから環境にとっていいとは言えません。

最近、この種の車を見かけなくなったのは、「スポーツ」という冠をつけることやガソリンの浪費に後ろめたさを感じるメーカーが増えたからでしょうか。そういえば、いつの間にか「ＳＵＶ」という新しいジャンルが登場しました。スポーツ用多目的車（スポーツ・ユーティリティ・ビークル）と言うようですが、スポーツだけでなくさまざまな用途があるということでしょう。しかし、こうなると、ヘソ曲りの筆者にはますます意味が分かりません。

モノと人を効率よく運ぶための手段である自動車が、レジャーやドライブ、そしてスポーツへと目的化した結果、自動車から排出される二酸化炭素などによって大気は汚染され、ついには地球温暖化の最大原因となりました。手段の目的化がエネルギーの大量浪費へとつながったわけです。

## 自動車によって崩壊していくコミュニティ

一九六〇年代になってはじまった住宅建築とニュータウン開発ラッシュで、中心市街地から郊外へと広がる「スプロール現象[2]」も自動車の急速な普及と無縁ではありません。家が中心市街地から遠く、しかも公共交通が整備されていない所でも住宅を求めるのは、移動手段として自家用車があるからです。こうした地域では、最初のころは一家に一台だった車が、子どもたちが成人するとそれぞれが所有するようになり、四人家族の場合は四台必要になり、さらに一家全員で出掛けるために五台目を購入するといったケースもめずらしくありません。

スプロール現象が起きてから半世紀以上経ち、頭の痛い問題が起きています。子どもたちが独立したため家族は老夫婦のみとなり、事故が不安で運転免許証を返納したくとも公共交通がないのでそれもできない状態となっています。新たにバスを運行しようにも、少子化で利用者は減る一方なので事業として成り立たず、ついには「限界集落」と化してしまった自治体や地域が急増しています。

国による都市計画の「設計ミス」として片づけるのはたやすいことですが、将来的な街づくりの展望をもたないまま採算性ばかりを優先して公共交通を廃止した自治体の先見性のなさも見逃すことができません。と同時に、便利さとドライブの楽しさに浮かれ、将来を見据えることなく自動車に依存してきた社会全体の責任も問われます。

また、郊外に大型店舗が次々に建設され、中心市街地を自動車が素通りするようになってシャッター商店街が各地に現出したのも自動車普及による弊害の一つです。限界集落問題は地方都市から叫ばれはじめたのですが、ここ一〇年、大都市にも同じような現象が起きています。

一九六〇年から一九八〇年にかけて建築された大型団地や新興住宅地では、住民の減少で採算が取れなくなったスーパーマーケットなどの撤退が加速しています。郊外型の大型店舗に行きたくても、自動車を運転することができなくなった高齢者が「買い物弱者」になっています。崩壊したコミュニティでは、生活不安から住民が逃げ出し、新たに入居する住民もなく、あとに残されたのが「空き家問題」であり「空き地問題」です。

人が住めなくなった空き家の増加に歯止めがかかりません。空き地のうち、相続税が払えないために権利を放棄した土地と所有者不明の土地を合計すると、その面積は九州全土、いや北海道全土に匹敵すると報告されています。

自動車は、個人や家族が移動するのには確かに便利なものです。しかし、年齢を重ねると、誰もがいつかは運転できなくなります。高齢者による自動車事故の発生率が高くなっている根本的な理由は、自動車以外に移動手段のない地域社会のあり方にあるのです。公共交通を廃止に追い込み、公共交通インフラを脆弱にし、地域社会を崩壊させた原因は、間違いなく経済成長の柱となったモータリゼーションにあります。そして、原因の一端を担ってきたのが、自動車に依存し続け、コミュニティのあり方から目を逸らしてきたドライバーたちです。

（２）　中心市街地から遠くへ拡散するように無秩序に住宅地が広がることです。

## ＥＶ車（電気自動車）は二一〇〇年への布石か

資源エネルギーの枯渇が迫りつつあることは、世界の自動車メーカーがガソリン車からＥＶ車への転換を加速している事実からも読み取れます。

ＥＶ車の開発は、ガソリン車から排出される二酸化炭素による環境問題への批判をかわすことや脱炭素社会に向けての対応であるとするのは表向きの理由でしょう。真の理由、つまり資源エネルギーの枯渇によってガソリン車時代が終わりを迎えることへの危機感が各自動車メーカーに共有されているからだ、と考えるほうが自然です。

二〇一七年、ヨーロッパではフランス、ドイツ、イギリスなどの各国政府が、二〇四〇年までにガソリン車やディーゼル車の生産を禁止し、すべてをＥＶ車に転換するという方針を打ち出すや否や、アジアでは中国がすぐに追随しました。資源エネルギーの枯渇よって自動車産業を縮小することは、これまで先進国の経済を支え続けてきた最大の基幹産業を失うことを意味します。電気エネルギーさえ確保することができれば、ＥＶ車へ生産を切り替えることで自動車産業を存続させることができます。

繰り返し指摘してきたように、自動車産業は裾野の広い複合産業です。雇用を生み出すとともに輸送や観光レジャーなどへの波及効果もあって、経済が成長するためにはなくてはならない存在です。資源エネルギーに依存しないＥＶ車は、一〇〇年以上にわたってガソリン車が支えてきた経済構造を引き継ぐ新しい牽引役として、期待を一身に背負っていくことになるでしょう。

これだけでなく、ＩＴ技術は人工知能（ＡＩ）時代へと移り、運転をＡＩに任せる自動運転車の時代が本格化します。華やかだったモーターショーは、近い将来「エレクトリック・カーショー」と名前を変え、自動車は家電品の一分野として扱われるようになるかもしれません。ここでも、人類はすべての行動をシステムに委ね、動物的な本能をどんどん退化させていくことになりそうです。まるで、頭でっかちの火星人のような人類がこれから生まれてきそうな、寒々しい社会が出現するのではないかという予感すらします。

ＥＶ車による脱炭素社会は、二一〇〇年に向けて、資源エネルギーに依存する経済、産業、社会との決別をするという意志表示となります。産業革命から二五〇年が経ち、人類が再び自然エネルギーに戻る画期的な出来事《エポック》です。とはいえ、自然エネルギーによる電力供給量が資源エネルギー時代に匹敵するほど確保できるかといえば、容易ではないでしょう。これからは、自然エネルギーの供給量に見合った経済、産業、社会をつくることができるかどうかが、脱炭素社会を成功に導く鍵となります。

## ポストガソリン車時代への動き

ＥＶ車は内燃機関が電動モーターに代わることでシンプルな構造になりますが、鉄鋼、プラスチック、タイヤ、精密機器、通信機器などといった産業分野が複合的にかかわるため、ガソリン車時代と同様のポテンシャルを維持することができます。現在は、ガソリン車に比べるとまだ高価格ですが、大量に生産されるようになれば価格が下がり、かつてのT型フォードのように大衆車として普及する可能性もあります。

多少の移行期間が必要となりますが、ガソリン車時代のライフスタイルは引き継がれることになるでしょう。その成否を握っているのがガソリンに代わる電気の供給量です。いずれにしても、ガソリン車に代わるだけの基幹産業が新しく生まれないかぎり、経済成長を維持するために、自動車産業への依存を継続せざるを得ないということです。

資源を一方的に消費し続ける経済構造に対して、一九七〇年代にローマ・クラブの「成長の限界」（六三ページ参照）などが警鐘を鳴らしてから半世紀が経ち、新たに経済成長の終焉、資源枯渇という重い課題が経済を揺るがしはじめています。さらに、先進国の人口減少と新興国、途上国の人口増加によって地球人口一〇〇億人時代となり、行き過ぎた自由主義やグローバリズムの歪みから生じた一国主義の台頭など、経済全体を取り巻く環境は不透明で未知の領域に向かいつつあります。

加えて深刻なことは、先進国のトップリーダーたちに未来を見据えた処方箋があるのか、とい

COLUMN

## 2100年への米中二大大国の動き

2020年９月22日と23日、2100年への準備と思われる動きがありました。22日には、中国の習近平首席が国連総会の一般討論でビデオ演説を行い、中国の二酸化炭素の排出量を段階的に減らし、2060年までに実質ゼロを目指すと表明しました。二酸化炭素排出量が世界第一位の中国の発表が実現すると、地球の気温上昇幅を0.3度圧縮できると欧州の気象シンクタンクが試算を発表しました。そして、翌23日には、アメリカ・カリフォルニア州のニューサム知事が、2035年までにガソリン車の新規販売を禁止するという「知事令」に署名しました。

さらに、大きな動きとして、2020年11月に行われたアメリカの大統領選挙において国民は、環境を重視する民主党のバイデン候補を新大統領に選びました。世界の二大大国である中国とアメリカのこうした動きは、危機感ばかりが先行している地球温暖化を抑制する面からすれば国際社会に与える影響は必至であり、2100年への準備に弾みをつける大きな一歩として期待できるのではないでしょうか。

う疑問です。自動車を動かすエネルギーがガソリンから電気に代わる、その程度の対処療法だけで「病める地球」が健康を取り戻せるとは思えません。

### 鉄道復活への期待

ドイツは、アメリカに次いで自動車産業が発展した国です。名車ベンツ、ポルシェなどのスポーツカー、そしてスピード制限のない高速道路「アウトバーン」の建設など、第二次世界大戦前から自動車産業はドイツ経済を牽引してきました。しかし、アメリカとは少し違った顔をもっていることはあまり知られていません。

その一例が、ベンツの本社があるシュトゥットガルトです。この街は、鉄道、路面電車（LRT）、バスなどの公共交通が充実しています。このような風景は、ドイツ国内ではごく普通のことです。ドイツをはじめとしたヨーロッパ諸国でも、経済の牽引役として自動車産業に力を入れてきたところはアメリカと変わりませんが、鉄道を廃止して跡地を道路に転換してしまおうという無謀な選択はしませんでした。目指したのは自動車と公共交通の共生です。ヨーロッパ諸国がもつ多様性を重んじる文化が「自動車一辺倒」に歯止めをかけたわけです。あわせて、産業革命の歴史的な体験を振り返ることで、資源エネルギーを燃焼させることによる環境悪化と、それによる健康被害について学んできたという国民意識の表れかもしれません。

「トランジットモール」と呼ばれる、中心部への自動車の乗り入れを禁止している都市も年々増加しています。さらに、自宅から近くの駅までは自動車を使い、駅の駐車場に停めて、そこから目的地まで列車を利用するという「パーク・アンド・ライド方式」を導入したのもドイツをはじめとしたヨーロッパの国々です（六二ページ参照）。

鉄道利用を進める理由は、人が自由に移動できることは消費生活を支えるうえにおいて不可欠であり、もし停滞するようなことになれば、国の経済にマイナス影響を与えることになるからです。自動車に代わる移動手段として、公共交通が極めて効率のよいことが路面電車の復活やパーク・アンド・ライド方式の普及につながっています。

## 日本のＬＲＴの復活

かつて、東京都内には路面電車が縦横無尽に走っていました。最盛期には総営業距離約二一三キロメートル、運転系統は四〇を数え、東京都民の足として「チンチン電車」の愛称で親しまれていた都電（一九四三年に正式名称となった）が、押し寄せるモータリゼーションと地下鉄の整備によって廃線に追い込まれたのは一九七二年でした。現在は、「早稲田駅」から「三ノ輪橋駅」まで走る荒川線が残されているのみです。

一九六四年に開催された東京オリンピックに向け、東京では高速道路建設が急ピッチで進められました。高速道路を建造するための土地収用に時間がかかるという理由で、都心に残された貴重な川の中に橋脚が建てられ、巨大なコンクリート造りの道路が帯のように延び、歴史的な文化遺産である日本橋も高速道路の下となりました。かつての都市景観はことごとく破壊され、高速道路上には無数の自動車が行き交うことになり、まるで未来都市のような風景が出現しました（二二〇ページ参照）。

東京に唯一残る都電荒川線。面影橋あたり

一九五六年の『経済白書』において「もはや戦後ではない」と謳われ、日本国民の復興気運は、昼夜を問わない大型重機などによるすさまじいばかりの建設工事の音でいやが上にも盛り上がり、文字どおり戦後終了の象徴として国民に大興奮をもたらしました。

これに呼応するように、道路を占拠していた路面電車は収益の悪化を理由に廃線されることになり、都電銀座線の最後の日となった一九六七年一二月九日には、銀座四丁目に多くの都民が集まり、『蛍の光』の大合唱で見送りました。収益の悪化は表向きの理由で、道路を占拠する路面電車が自動車時代の到来の妨げになると判断されたのです。つまり、自動車産業を発展させるために路面電車を排除したわけです。

日本は東京オリンピック後、一九七〇年代に高度経済成長期に突入し、世界第二位の経済大国へと躍進しましたが、路面電車と自動車とを共存させたヨーロッパの国や都市に比べると、東京都内の路面電車を廃線に追い込んだことは先見性に欠けていたと言わざるを得ません。前述したように、自動車の急速な普及は、大量の排気ガスを原因とする光化学スモッグの発生や騒音問題など健康被害だけでなく、都市の肥大化を抑制するコンパクトなまちづくりを置き去りにし、大都市一極集中化やスプロール現象、中心市街地の衰退など数々の弊害を生み出しました。

二〇世紀の終わりから現在にかけて、これらの弊害について過去の反省に立った見直しの議論が地方自治体において活発になっています。その一例として取り上げたいのが、路面電車の見直しとＬＲＴ（次世代型路面電車システム）導入への動きです。

二〇一三年一二月現在、全国一七都市二〇事業者、路線延長約二〇六キロが営業しています。そのなかには、二〇〇六年に日本で初めて富山市で導入されたＬＲＴも含まれています。さらに、地方都市や首都圏では一三の路線で新規軌道の計画が予定されており、宇都宮市と芳賀町（栃木県）が計画しているＬＲＴは二〇二二年の開通を目指しているほか、新たに導入の検討をはじめている自治体も増えつつあります(3)。

(3)　路面電車延伸計画路線を設定しているのは、札幌市交通事業振興公社、東京都交通局、富山地方鉄道富山軌道線、西日本旅客鉄道、岡山鉄道軌道など一〇路線。新線検討自治体は、宮城県富谷市、宇都宮市、小山市、前橋市、東京都（豊島区、中央区、江東区、八王子市）、横浜市など二二自治体に上る。

地域活性化につながる富山市のLRT（出典：諏訪雄三『地方創生を考える』223ページ）

路面電車のメリットとして、温室効果ガスの発生を抑制できるという環境面もさることながら、路面電車の運行を優先することで自動車の走行に一定の秩序が生まれることがヨーロッパなどで証明されています。何よりも、中心市街地に人を呼び込むことで商店街の活性化につながることが分かってきました。日本の地方都市における路面電車の復活は、モータリゼーション時代が終焉に近づいていることと決して無縁ではありません。

## 問題に気付けば答えは導き出せる

問題がどこにあるのか、多くの人が気付いているはずです。気付いていながら解決のための一歩が踏み出せない理由は、慣れきってしまった便利な生活を捨てることができないという「甘え」、そして自分一人が何をしても大した効果はないという「諦め」、さらに、そのうち新しい技術が開発されて問題を解決してくれるだろうという「期待」の三点にあるのではないでしょうか。この三つは、深刻化する環境問題に直面するたびに人類が気付き、自ら警鐘を鳴らしてきたにもかかわらず先送りにされ、さらに時間が経つと忘れ去られてきたものです。

しかし、七六億人分の一人である「私」にできることを積み重ねていかないと、この一軒家は第二六六代フランシスコ・ローマ教皇の言葉である「私たちの故郷である地球はますます巨大なごみのやまのような様相を呈しはじめている」よりも深刻なものになり、取り返しのつかない事態となってしまいます。

ガソリン車からＥＶ車への転換は、排気ガスがなくなるということで、確かに地球環境への負荷低減という点では効果があるでしょう。しかし、いつまで自動車産業に依存することができるでしょうか。二〇世紀からの経済構造をそのまま引き継ぐことが許されるのでしょうか。ＥＶ車への転換は、単なる転換ではなく、未来に向けて深い意味があるように思えてなりません。

多くの客や貨物をより遠くへより速く運搬する手段としての飛行機も、温室効果ガスを排出するとしてＥＵ諸国内においては利用を制限する動きがあります。大型化した旅客機をＥＶ化することは自動車ほどたやすくありません。人のみならず大量の物資を短時間に輸送できる飛行機存続の是非は、グローバリズム経済に対する影響が必至です。

そこで改めて、地球に住む七六億人が、このまま何もしないと壊されていくであろう地球環境とどのように向き合っていけばいいのかについて考えてみたいと思います。

一つは、とても無責任な考えですが、なるようにしかならないという考え方があります。前述したように、どんなにあがいても地球温暖化のために自分一人が頑張っても何もできないという諦めです。

もう一つの考えとして、一軒家の「家主」に任せて、家族はその家主の考えに従って暮らしていけばいいという考え方があります。一般的には、こうした考えのほうが多いでしょう。正直に言えば、筆者もその一人かもしれません。しかし、現在の家主（為政者またはリーダー）がエネルギーと環境問題にしっかり向き合っているのかというと、とてもそのようには見えないし、強いメッセージが伝わってこないだけに心もとないかぎりです。

まだ地球には未発見の資源があると主張し、地球温暖化は二酸化炭素排出が原因ではないと言い切る大国のリーダーの言葉を聞くと、これから先も温暖化は収束することなく、あと半世紀もすれば環境はさらに悪化し、廃棄物の量も今よりもっと増えることになるでしょう。原子力発電所の事故が起きても再稼働に前向きで、自然エネルギーには後ろ向き、プラスチック廃棄物が海を汚染しても脱プラスチックに消極的なリーダーもいます。

一軒家に暮らしているのは人間だけではありません。多くの動植物たちが、人類の営みによって排出された廃棄物で絶滅の危機に直面しています。現段階でも、「一軒家」はすでに生物が安心して住める家ではありません。

深刻な環境問題を解決する方法がどこにあるのかと問われても、恐らく経済優先を唱える先進国のトップは答えることができないでしょう。しかし、解決に向けて「私」という一人ならできることがあります。それは、地球環境などという大きなスケールで考えないで、個人が住んでいる一軒家というサイズで考えてみることです。

七六億人分の一人に当たる「私」の集積が環境に負荷を与えているわけですから、七六億人分の一人の「私」が環境のために何ができるかについて考えて行動すれば、その集積が環境改善の一歩となります。つまり、人類一人ひとりの営みの結果が、地球をご・み・の・山にしていると発想することからはじめてみてはいかがでしょうか。

・あり余るほどの家具やモノに囲まれ、それでもまだ買い続けるという欲望の世界に疑問を抱きませんか。
・冷蔵庫の中に買いだめをして、結局、食べきれなくなってごみとして捨てていませんか。
・新しいモデルが出たというだけで、まだ使える製品を安易に買い替えていませんか。
・修理すれば使えるのに、新しい商品に買い替えることが当たり前という生活に慣れきっていませんか。
・歩いて行けるほどの距離でも、便利だからといって自動車に依存していませんか。
・生活のなかに溢れるプラスチック製品がどのように処理され、ポイ捨てされたプラスチックが海洋汚染を引き起こしていることに心が痛みませんか。
・コンビニにおいて、期限切れというだけで食品を廃棄することに無関心でいませんか。
・至る所に置かれている自動販売機、その電気代に無関心でいられますか。
・生きるためにに食べるのではなく、食をもてあそぶような飽食の世界に抵抗はありませんか。

すべての企業家に問いたいことがあります。

効率化のみを優先して、大量生産に走り、買い替えを刺激するためにモデルチェンジを行い、山のような大量廃棄物をつくり出していることに心は痛みませんか。

忘れないでください。企業家も消費者も同じ人類であり、生産と消費、廃棄は、「一軒家」である地球上に暮らしているあらゆる生物の存続を危うくしていることを。

第10章

# 地球と向き合うための三つのヒント

「それは迷路の探索を始める前に、しっかりとした土台を前提とすること、言い換えれば、明白で確実な基礎を記述すること……つまり『単純化を排したシンプル主義』です」

（カール＝ヘンリク・ロベール『新装版　ナチュラル・ステップ』市河俊男訳、新評論、二〇一〇年、三七ページ）

## ヒント1 『ナチュラル・ステップ』の著者の言葉に耳を傾ける

最初のヒントは、『新装版　ナチュラル・ステップ』の著者であるカール＝ヘンリク・ロベール（Karl-Henrik Robèrt）の発言に耳を傾けることです。この本は、スウェーデンにおける人と企業の環境教育のために著された本です。著者は癌や白血病に関する専門医であり、研究者でもあります。

子どものころから慣れ親しんできた街の風景や環境が変わり、また破壊されていくことに疑問を抱いていたロベール氏は、癌患者本人、家族の生存をかけた闘いと環境問題を重ね合わせ、両方が健康に深くかかわる問題であるにもかかわらず、「環境コスト」をめぐる議論の馬鹿馬鹿しさに気付いたことが切っ掛けとなってこの本を著しました。そんなロベール氏が環境問題を考えるために出した結論とは、「単純化を排したシンプル主義」でした。

### 「単純化を排したシンプル主義」とは何か？

この本の内容を引用しながら、「単純化を排したシンプル主義」について絵解きを試みたいと思います。「単純化を排したシンプル主義」とは、ロベール氏が読者に伝えたかった「環境問題」

と向き合う姿勢であり、また答えであることをあらかじめ明らかにしておきます。

環境問題の論議をするにあたってロベール氏は、まず「自然が、環境保護団体の所有物であり、経済が産業界と政治家の所有物であるかのように扱われている」と切り出しています。そして、自然も経済も私たち一人ひとりのものであり、その両者は相互にかかわり合っている一つのシステムで、自然を家とするならば経済が家計であるように密接に依存しているわけですから、「家計が家の資源の限界を超えて豊かになることはない」と言い切っています。つまり、経済は自然と天然資源に完全に依存しているので、その範囲でしか生計を立てることができないということです。

にもかかわらず、多くの環境問題ではこの二つが別々に議論されており、その結果、環境破壊が進み、地球を人間にたとえるなら、肉体的にも精神的にも不健康になっているのではないかと続けています。筆者は、このような現象を、自然が経済の外に置かれる「外部経済化」の弊害であると受け止めています。

『新装版　ナチュラル・ステップ』の表紙（カール＝ヘンリク・ロベール／市河敏男訳、新評論、2010年）

## 地球資源の循環システムが機能していない

そのうえで、「家計が家の資源の限界を超えて豊かになることはない」（前掲書五ページ）に続いて地球資源の循環に言及し、「社会から自然界に排出される廃棄物や分子ゴミは自然の循環が浄化・処理できる範囲のものでなくてはならない」（前掲書九〇ページ）としたうえで環境問題と向き合うために提言したのが「単純化を排したシンプル主義」です。

一つの文章に「単純化」と「シンプル」という同義語が併記されていますが、それをもう少し踏み込んで読み解いていきたいと思います。

ロベール氏は、シンプル主義とは「社会から自然界に排出される廃棄物や分子ゴミは自然の循環が浄化・処理できる範囲のものでなくてはならない」と定義しているわけですが、もし地球の浄化処理能力をオーバーフローしないように循環システムが機能さえすれば、地球環境は健全な状態で維持していくことができるということになります。それができないために環境が悪化し、人類の健康が侵される危機が続いているのだと、明快に言い切っています。

まったくもってそのとおりで、環境問題に立ち向かっている市民運動グループ、個人、学者、自治体、政治家、経営者などからは「当たり前のことを言っているだけだ」という反論が届きそうですが、ロベール氏はそこに単純化の落とし穴があるのではないかと警告を発しているのです。そこが「単純化を排した」につながります。

## 「単純化を排した」が意味すること

表題について、ロベール氏は次のような言葉でまとめています。

（前略）環境破壊が万人の脅威、つまり誰にも共通の問題となっているにもかかわらず、私たちは〝利害対立〟の虚構で彩られた議論に苦しめられているのが現状です。

（中略）

ものごとの入り組んだ関係や複合的な現象といった「複雑さ」を扱おうとするときには、適切な基礎を簡潔かつ明確に公式化するのが一番自然でしょう。中にはそのような観点から解明を進めるだけで、錯綜した関連事象についても充分判断が下せてしまう場合も多いものです。つまり、一つの問題が解決されると、結果的にほかの問題も解決されてしまうということです。エドワード・ゴールドスミス[1]の言うところの「ソリューション・マルチプライヤー［多重効果型解決策］」です。（中略）大きく複雑な問題に対するこのような科学的方法論は、だからといって複雑さを軽視するものではないのであって、事実はちょうどその反対で

（1）（Edward René David Goldsmith, 1928～2009）『エコロジーの道』（大熊照信訳、法政大学出版局、一九九八年）のほか、編著書である『地球環境用語辞典』（不破敬一郎ほか監修、東京書籍、一九九〇年）が邦訳されている。

す。最も有効な方法論「単純さを排したシンプル主義」は、複雑さに対する配慮とともに選び取られるものなのです。

　政界での環境論議を分析してみると、それは混乱して矛盾に満ちたものに映ります。これはまさに、基礎レベルの因果関係を究明しないうちに問題を扱ったり語ったりしてしまう私たちの性癖のためでしょう。具体的な事実やデーター（ママ）によって構成される、表面的レベルの因果関係に焦点を当てることが必要な場合も多々あることはもちろんですが、確実な基礎から出発しないまま、行動の選択肢まで同じ表面レベルでさぐって満足してしまうと問題が生じてくるのです。（前掲書、八四〜八五ページ）

---

このように、ロベール氏の指摘はいたってシンプルです。私なりに、もう少しこの箇所を読み込んでいきたいと思います。

　地球にあふれるごみは、言うまでもなく人類の生産および消費などの営みから排出されるわけですが、それがどのような資源で、どのようなプロセスでつくられ、販売されているのかというような基礎的なことに関心をもつことはまずありません。私たちの日常生活は、当たり前のように消費し、当たり前のように廃棄しているだけなのです。

　家庭から出されるごみは、どの自治体でも分別が求められています。分別のルールは地域によって違いますが、どこでも消費し終わって廃棄物になったら、そのルールに従ってごみとして出しています。それで、すべてが終わりです。これが「単純化」の典型的な例です。しかし、これでは、出されたごみによって自然環境にどのような負荷かがかかっているのかという現実を意識することはできません。消費したら廃棄する、その単純化されたルーチンが当たり前になっているわけですが、なぜそうなったのでしょうか。

答えは簡単です。経済構造がそのようにつくられているからです。そして、そのなかに、「社会から自然界に排出される廃棄物の分子ゴミは、自然の環境が浄化・処理できる範囲のものではなくてはならない」というシンプルな基本が抜け落ちているのです。今さらそんなこと考えていたら生活なんかできない、という考え方が現代では当然のようになっていますが、果たして人類は昔からそうだったのでしょうか。

モノがないときにはそれを大事にし、食料も食べきれるだけ買い、壊れたら修理して少しでも長く使うのが当たり前だった時代はそんなに昔のことではありません。前述したように、明治という新しい時代を迎えるまで、日本人の暮らしはごみを出さず、自然の循環機能が浄化・処理できる範囲で成り立っていました。もちろん、その時代に環境汚染のことを理解して生活していたとは考えられません。ただ、人間が自然の一部であることを自覚していたからこそ、自ずと生活行動に現れていたと考えられます。

昔と違って経済構造が変わったからできないというのは、「シンプル主義」を忘れ、より安易な「単純化」に身を任せ、経済と自然を分離して、豊かさに身を委ねたことで本能を失い、それに甘えているにすぎないと、「単純化を排したシンプル主義」という言葉にロベール氏は精いっぱいの怒りを込めたのではないでしょうか。そしてロベール氏は、「単純化を排したシンプル主義」を次のように結んでいます。

---

（前略）それは迷路の探索を始める前に、しっかりとした土台を前提とすること、言い換えれば、明白で確実な基礎を記述すること……つまり「単純化を排したシンプル主義」です。（中略）環境問題にまったく新しいやり方で取り組む「財団法人ナチュラル・ステップ」の設立を実現し、一般的な問題二つを取り上げてゆくことが計画されました。

一つは、システム的視点と全体的展望の欠落を突くこと。現代社会では、一人ひとりが自分の小さな専門領域のスペシャリストです。私たちは、自分の行動によって社会全体がどう影響を受けるのかを考えることなく、個々の専門分野で奮闘しているのです。

そしてもう一つは、「自分のやることなど、どうせ何の役にも立たない」という、消極的で無責任な「何も自分がやらなくても」的態度を弾劾すること。全人類的課題への取り組みを、アムネスティーやグリーンピース、赤十字、セーブ・ザ・チルドレンといった組織に委ねることで自分の消極性の償いにしようとする傾向は、私たちの誰もがもっています。献身的な関与をもってこうした組織を支える代わりに免罪符を金で買い取れば、自分のもっと深いところでの洞察の帰結と向き合う必要もなく、これまで通りの生活に没頭できるというわけです。（前掲書三七ページ）

テレビや新聞、そしてインターネットなどから、環境問題に関する情報が毎日夏の夕立のように降り注いでいます。年々その量が増えており、激しさも高まっています。ロベール氏が指摘する、「現代社会では、一人ひとりが自分の小さな専門領域のスペシャリストです。私たちは、自分の行動によって社会全体がどう影響を受けるのかを考えることなく、個々の専門分野で奮闘しているのです」という言葉は、環境問題を解決できるのは個々の生活者（専門分野）として奮闘することであり、決して一人では何もできないと消極的になって、問題の本質から目を逸らしてはいけないということを伝えています。前述したように、七六億人分の一人の消費と廃棄が積み重なって地球環境を危機に陥れているわけですから、同じく七六億人分の一人の奮闘の積み重ね

（2）　一九一九年、イギリスのエグランタイン・ジェブ女子によって創始された「セーブ・ザ・チルドレン運動」に端を発し、現在、世界的規模で活動しているＮＧＯ組織。

で危機を防ぎ、改善していく以外に確実な方法はないということです。

ロベール氏の「単純化を排したシンプル主義」という考え方は、ガン専門医としての視点が基本となっています。『新装版　ナチュラル・ステップ』の「第2章　医師と社会、そして自然」では、人間の病気と環境について次のように述べられています。

---

人の病は、環境破壊と対比することができます。これは、なにも驚くようなことではありません。私たちの身体は自然の一部であって、自然と同じ生物学的原理にもとづいてつくられています。そして体内の臓器は、一つの協調の下、それぞれほかの臓器の働きに互いに影響を与えあっているのです。こうした臓器の協調は、生態系における種の協調と類似性をもっています。体内、生態系どちらの場合も、さまざまな栄養素や老廃物のレベルがこのような相互作用によって一定に保たれているのです。これが自然のバランス維持機能、いわゆるホメオスタシス［恒常性］です。

しかし、新陳代謝の異常が起きるとホメオスタシスも打撃を受け、身体は酸性化現象に襲われます。これは、バランスの崩れた自然界で酸性化の問題が起きるのと似ていて、治療を要する深刻な事態です。（前掲書二一八～二一九ページ）

人間の病気が新陳代謝の異常に起因しているのと同じく、環境問題の原因も地球の自浄能力を超えた汚染物を排出したことによる、とロベール氏は説いています。その基礎（シンプル主義）を見ないまま、環境問題を表層的（単純化）に捉えていることに大きな過ちがあると指摘しているのです。

## ヒント2　「エコロジカル・フットプリント」について学ぶ

二つ目のヒントは、現在の生活レベルではすでに一個の地球では足りないと警鐘を鳴らし続けるカナダの学者たちによって一九七四年に提唱された「エコロジカル・フットプリント（Ecological footprint：ＥＦ）」について学ぶことにあります。

現在、七六億人の人類に与えられている生活空間は一個の地球しかありません。産業革命が起きた一八世紀の後半、地球の人口は八億人ほどでした。西暦〇《ゼロ》年の人口が四億人と推計されていますから、倍に増えるまでに一八〇〇年という時間がかかったわけですが、産業革命後の人口は、わずか二五〇年で約九倍以上も増えたことになります。

人口がどんなに増えようとも、地球一個で誰もが同レベルの暮らしができるなら、それはまったく問題ありません。しかし、エコロジカル・フットプリントの計算によると、もし地球の人類すべてがアメリカ国民と同レベルの生活をするようになったら地球は五個必要になります。この数字は、エネルギーをはじめとして、地球資源を消費するためにどれほどの面積を占有（フットプリント）しているかに基づいて計算されています。人類のさまざまな活動が地球環境に与える負荷を、資源の再生産と廃棄物の浄化に必要な面積として算出し、それを、生活を維持するために必要な一人当たりの面積（陸と水域）で示しています。

二〇一八年度の計算によれば、七六億人の人類が生活するために地球は一・七五個が必要で、資源の再生産と廃棄物の浄化に必要な面積はオーバーシュートしている計算になります。これが、環境破壊や環境悪化につながっているのです。前掲した「単純化を排したシンプル主義」で言えば、「一・七五個－一個＝〇・七五個分」の地球は、「自然の環境が浄化・処理できる範囲」を超えている（オーバーシュート）ということになります。

## エコロジカル・フットプリントが示唆すること

日本で翻訳されている『エコロジカル・フットプリント』（マティース・ワケナゲル、ウィリアム・リース／和田喜彦監訳・解題、池田真理訳、合同出版、二〇〇四年）から、本書が示唆していることを抜き書きしてまとめてみました。そこから、再三指摘している環境と人間との関係について一つの「解」が見えてきます。同時に、その「解」が「ヒント３」へとつながり、日本人の精神文化と符合していることに気付かされます。

---

エコロジカル・フットプリントが投げかけているのは、「私たちは〝自然〟をどれだけ利用しているのか」「その利用量は、実際に地球上に存在する〝自然〟の量と比べて大きいのか小さいのか」という問いです。

一見簡単そうなこの問いの解答が、政府、企業、コミュニティが小さな惑星に見合った将来計画を立てるようになる、大きなきっかけとなるのです。（前掲書八〜九ページ）

エコロジカル・フットプリントとは、ある経済システムに流入し出ていくエネルギーと物質の流れ（フロー）を明らかにし、このフローを〝面積〟に変換して表す分析手法である。ここでの面積とは、このフローを維持するために、人間が自然から必要としている土地および水域の面積のことである。（前掲書二四ページ）

自然の限界という制約の中で満足できかつ持続可能な生活様式を創り出すためには、人間どうしの、また人間以外の自然との関係を考え直さなければならない。このような考え方を引き出し、発展させることもこの本の目的に一つである。もちろん、同じような目的の本は

多いが、類書には見られない本書のいくつかの特徴を以下に挙げる。（前掲書一五ページ）

第一に、そうした本の著者は（たとえ良質なものであっても）ほとんどが〝環境〟を〝よそ〟のもの、〝外にあるもの〟、すなわち人々とその営みから切り離されたものとして扱っている。（中略）

たとえば、経済活動が、予定外に環境を損壊した場合、それを〝負の外部性〟（外部不経済）と呼んでいる。これは、近代的意識において〝環境〟が外界におかれていることの表れである。従来の経済発展モデルは、環境をあたかも人間の営みの舞台背景であるかのように扱っている。環境は、その美しさで人々を喜ばせるものかもしれないが、経済的必要が切迫したら、消費し尽くしてよいものであるとされているのだ。

（中略）

私たちは、こうした考え方とはまったく異なり、人間の（こころの動きを含めた）営みは、自然界とは切り離すことができないという前提を出発点にしている。（中略）エネルギーと物質の流れ（フロー）という観点でみると、〝よそ〟などどこにもないのである。人間の経済システムは、生態圏に含まれる〝下位システム〟すなわち、部分的要素であり、生態圏に完全に依存しているといったほうがいい。（前掲書一六ページ）

〝人間社会は、生態圏の下位システム（部分的要素）である〟、〝人間は、自然界に内包されている分かちがたい一員である〟という前提は、あまりにも単純かつ平明であるため、一般に、自明すぎて無意味だとして、見過ごされ、あるいは無視されている。（中略）この自明かつ深遠な生態学的現実を前提に政策をつくるということになれば、それはたんに公害防止策や環境保護の方法を改善すると言った小手先の変更にとどまらず、より本質的な政策転換を必要とするであろう。（前掲書二七ページ）

従来の環境政策は、人間と自然界が〝分離〟しているという神話に基づいたものであったが、それでは根本的な問題解決につながらないのである。人間が自然界の一部であるなら、〝環境〟は、たんなる舞台背景ではなく、演じられる劇そのものとなる。生態圏は私たち人類が生存する基盤そのものであり、人類の存続は自然なくしてはあり得ず、決してその逆ではないのだ。持続可能性を達成するには、〝資源の管理〟から、〝私たち自身の管理〟へと、問題意識の重点を移すこと、また、自然界の一員としての私たちの生き方を学ぶことが必要である。（前掲書二八ページ）

表１　地球は何個必要？

2019年、「グローバル・フットプリント・ネットワーク」によると地球は1.75個必要であると報告されています。もし、世界中の国が主要先進国の生活レベルと同じなったら地球は何個必要になるのでしょうか？

| | | | |
|---|---|---|---|
| アメリカ | 5.0個 | イタリア | 2.7個 |
| オーストラリア | 4.1個 | ポルトガル | 2.5個 |
| ロシア | 3.2個 | スペイン | 2.5個 |
| ドイツ | 3.0個 | 中華人民共和国 | 2.2個 |
| スイス | 2.8個 | ブラジル | 1.7個 |
| 日本 | 2.8個 | インド | 0.7個 |
| 英国 | 2.7個 | 世界全体 | 1.75個 |
| フランス | 2.7個 | | |

（出典：Global Footprint Network National Footprint Accounts, 2019）

## エコロジカル・フットプリントで学ぶ地球との向き合い方

抜粋した一部の文章から、人類はどのように対応していくべきかという方向性、つまり「地球との向き合い方」が示されていることに気付かされます。自然は経済成長のために自由に使ってよい、などと考えている企業人は存在していないと思いますが、環境が壊されている現実を見ると、外部不経済はいまだに深く根を張っていると言わざるをえません。それは、神話によって裏打ちされている人間と自然界が「分離」していることを信じている人が今なお多数存在している証しであるとも言えます。

地球に暮らしている人類は七六億人を超え、さらに増加の一途をたどっています。現在、どうにか回っているように見えますが、実はすでにオーバーシュートしており、二〇パーセントの人類が八〇パー

表２　ヒント１、２の共通点

| ナチュラル・ステップ | エコロジカル・フットプリント |
|---|---|
| ・社会から自然界に排出される廃棄物や分子ゴミは、自然の循環が浄化・処理できる範囲のものでなくてはならない。<br>・自然も経済も、私たち一人ひとりのものである。<br>・私たちには、一人の個人として何ができるでしょうか？　あらゆる事柄のなかで何よりも大切で、私たちが忘れがちなことは、自分の知識に責任をもつということです。 | ・人間が自然界の一部であるなら、「環境」は単なる舞台背景ではなく、演じられる劇そのものとなる。生態圏は私たち人類が生存する基盤そのものであり、人類の存続は自然なくしてはあり得ず、決してその逆ではないのだ。<br>・地球環境を持続するために必要なのは、「資源の管理」から「私たち自身の管理」へと問題の軸をシフトすることと、自然界の一員として自分たちの生き方を学ぶことである。 |

セントの地球資源を消費しているという不均衡と偏りがあるから成り立っているにすぎないのです。もし、残りの八〇パーセントの人類が二〇パーセントの人類と同じような生活レベルになったらどうなるのか、それを示しているのが**表1**です。

　地球環境を持続するために必要なのは、「資源の管理」から「私たち自身の管理」へと問題の軸をシフトすることと、自然界の一員として自分たちの生き方を学ぶことです。エコロジカル・フットプリントでは、あなたの暮らしが地球何個分になるか、簡単に計ることができる「診断テスト」をホームページ上で公開しています。こちらへアクセスして、早速診断クイズに挑戦してみましょう（http://www.ecofoot.jp/quiz/）。

『エコロジカル・フットプリント』と『ナチュラル・ステップ』が言っていることは分かった、では、人類は環境問題に対してどのように行動したらいいのでしょうか。二つの著書を改めて整理してまとめてみると、共通点が多いことに驚かされます（前ページの**表2**を参照）。

## ヒント3 「もったいない」という日本人の精神文化を世界基準に

二〇〇四年、環境分野で初めてノーベル平和賞を受賞したケニアの環境保護活動家、ワンガリ・マータイさんが受賞の翌年、毎日新聞社の招きで来日したときに出合った日本語、それが「もったいない（mottainai）」でした。この日本語の意味を知ったマータイさんは英語で表現しようとしたのですが、意味を正しく伝える言葉が見つかりませんでした。

和英辞書で「もったいない」を引くと、「wasteful（無駄な）」という表記のほか「too good（過分な）」などが続いて掲載されています。確かに、日本人にとっても、「もったいない＝無駄なこと、無駄遣いをする」という意味で理解されていることが多いのですが、「もったいない」の本来の意味を知ったマータイさんは、どうしても翻訳された言葉と乖離しているのではないかと納得できませんでした。そこで彼女は、唯一無二の日本語を「mottainai」とローマ字で表すことが正しいと判断したわけです。その後、国連においてマータイさんが「mottainai」について演説をしたことで、日本語の「もったいない」は国際語として認知されるようになりました。

さて、マータイさんが日本語の「もったいない」から読み取った真意とは何だったのでしょうか。それを探ると、日本人が培ってきた精神文化こそ、世界の基準となるべきではないかということが見えてきます。

## マータイさんが読み取った「もったいない」の真意

「もったいない」という言葉はどこで生まれ、どのように定着したのでしょうか。元々は「物が本来の姿を失うことを嘆き惜しむ」という仏教用語から転じて、「不都合である」とか「畏れ多い」、そして「ありがたい」などの意味として使われはじめました。現代では、「まだ価値があるのに生かされないまま捨てられるのは惜しい」と、十分生かせるのに無駄にする行為を戒めるときなどに使われています。

しかし、「まだ価値があるのに生かされないまま捨てられる」ことを惜しむ気持ちは日本人にかぎったことではなく、どこの国でも共通した思いのはずです。それなのに、なぜ「もったいない」を意味するような言葉をマータイさんは日本語以外で見つけられなかったのでしょうか。マータイさんが「もったいない」を翻訳することなく「mottainai」と国際語にした理由がここにありました。マータイさんが国際社会に伝えたかったこととは……。

マータイさんの出身地であるケニアも、人間と自然との間に区別はなく一体化しているはずです。しかし、そのマータイさんですら、「もったいない」という言葉の意味を知って一種のカルチャーショックを受けたと思われるのですが、そこにこそ答えがあります。

日本では太古の昔から、人間はもとより生きとし生けるものすべてを神が創造し、万物に八百万《やおよろず》の神が宿っているとされてきました。人間と自然は不可分とされ、それは日本人の心の奥底に連綿と受け継がれています。

雨が降り、洪水が起きれば天の怒りを鎮めるために祈り、雨が降らなければ天に雨乞いをし、樹齢数百年の木を「ご神木」として敬い、山を信仰の対象とするなど、西欧では非科学的と否定されるようなことが日本人の日常生活では当たり前とされてきました。その精神文化は、人類が宇宙に行けるような現代になっても変わることはなく、日本人の心の奥底にＤＮＡとして生き続けています。

そういう点では、マータイさんの生まれたケニアでも、同じように自然の力を畏れ、敬うアニミズムが染み込んで現在に至っていると思えます。マータイさんが「もったいない」という言葉に特別な思いを抱いたのは、その言葉に、自然を畏《おそ》れるだけでなく、自然や生きとし生けるものを敬い、尊ぶ心が潜んでいるということに気付いたからではないでしょうか。

日本人の精神文化は、「物〈万物、他人、自然を含むすべての物〉を大切する」崇物思想によって支えられてきました。「物」は英語では「thing」と訳されますが、日本語の「物」には「thing」では言い表すことができない深い意味が込められています。要するに、「thing」には命が宿っていませんが、日本語の「物」には命とともに神も宿っているとされているのです。

## 万物を尊ぶ心（Respect）が環境問題への答えになる

マータイさんを招いた毎日新聞社は、マータイさんの思いを具現化するために、二〇〇五年三月「MOTTAINAIキャンペーン事務局」を開設しました。そのホームページ「MOTTAINAI＝モッタイナイは世界中のアイコトバ」を見てみるとモッタイナイのコンセプトが示されていましたので、その部分を以下に引用します。

---

**環境3R＋Respect＝もったいない**

Reduce（ゴミ削減）、Reuse（再利用）、Recycle（再資源化）という環境活動の3Rをたった一言で表せるだけでなく、かけがえのない地球資源に対するRespect（尊敬の念）が込められている言葉、「もったいない」。マータイさんはこの美しい日本語を、環境を守る世界共通語「MOTTAINAI」として広めることを提唱しました。

こうしてスタートしたMOTTAINAIキャンペーンは、地球環境に負担をかけないライフスタイルを広め、持続可能な循環型社会の構築を目指す世界的な活動として展開しています。日本から生まれた「もったいない」が今、世界をつなげるアイコトバ、「ＭＯＴＴＡＩＮＡＩ」へ。

万物を尊ぶ日本人の精神文化であるとして「もったいない」を翻訳すると、それには「Respect」が適しているとマータイさんは提唱しています。「ＭＯＴＴＡＩＮＡＩ」に込められた言葉の真意を理解し、国際語として広めようとした真の狙いは、「万物をRespectする心こそが環境問題を変えることができる」ということにあるのです。

ごみ減量の３Ｒ運動は、大量生産、大量消費、大量廃棄の社会構造によって環境問題が深刻化した一九八〇年代後半から先進国で本格的にはじまりました。それまでは、大量消費を促すには大量生産による供給を増やすことに置かれ、生産という頂点からモノが流れ落ちれば消費は増加して、経済成長を促すことになるという経済構造に偏っていました。

しかし、過剰な生産と消費は膨大な廃棄物を生み出すことにつながっていきます。初期のころの廃棄物は主に埋め立てて処理されてきましたが、地下水汚染など環境への悪影響などで埋め立て地の確保が難しくなると焼却処分されるようになりました。そして次は、焼却処分によって発生する排気ガスなどの有毒分子が社会問題化していくことになりました。そこから生まれたのが、

「Reduce（ごみになる物を減らす）」、「Reuse（何度も使う）」、「Recycle（資源として再利用する）」の３Ｒ運動でした。

３Ｒ運動とは、ごみ減量のため、言うなれば環境破壊を止めるための行動です。しかし現在、Ｒは増え続けており、「Repair（修理して大事に使う）」、「Return（使い終わったら販売元に戻す）」をプラスした5Ｒ、このほかにも、「Refuse（断る）」や「Reform（形を変えて他の用途に使う）」をプラスした7Ｒ、さらに「Rebuy（リサイクル、リユースされたものを積極的に買う）」、「Regeneration（再生品の使用を心がける）」など、いつのまにか10Ｒに迫っており、今後さらに増える傾向にあります。ごみの減量を「どうするか（How）」という運動を進めてもごみが一向に減らないので、次々に「Ｒ」ばかりを追加していかざるをえないという悪循環に陥っているかのように見えます。

マータイさんが日本で「もったいない」の意味を知り、国際語にしようと主張したのは、Ｒをいくら増やしても根本的な解決にはならないことに気付いたからではないでしょうか。つまり、「Respect ＝万物を大切にする日本人の精神文化」が基本にあれば、３Ｒの「ゴミ減量運動のＲ」が自然に進むはずなのです。言い換えれば、「ごみ減量運動のＲ」に「ＭＯＴＴＡＩＮＡＩ（Respect）」、つまりモノへの尊敬の心が一つにならないかぎり「Ｒ」は今後も増えていくだけで、ごみ減量の根本的な解決にはつながらないということです。

「MOTTAINAI」とは、環境問題解決のためのごみ減量に関する発想の重心を「どうやるか（How）」から「なぜするのか（Why）」へ移すこと、すなわち「MOTTAINAI」に込められた万物を尊ぶ（Respect）心こそが、『ナチュラル・ステップ』でカール＝ヘンリク・ロベール医師が提唱した「単純化を排したシンプル主義」であり、『エコロジカル・フットプリント』の「資源の管理から自分自身への管理」へとつながる基礎であり、基本となります。

### 三つのヒントから私たちは何を知ることができるか

「ナチュラル・ステップ」、「エコロジカル・フットプリント」、そして「MOTTAINAI」という三つのヒントには次のような共通点があります。

・人類は自然の一部であり、不可分であるということ。
・自然は、人類が自由に利用できる存在ではないこと。
・人類が管理するのは自然ではなく、人類自身であること。

地球環境を変えるためには、「自然について知を得て」、「自然を尊ぶことを学ぶ」必要があります。七六億人が暮らす一軒家である「私の地球」は、自然浄化能力を超える廃棄物で汚染されています。また、廃棄物の山によって、すでに一個の地球では足りなくなっています。人類が誕生してから七〇〇万年、火を発見してから四〇万年、人類はその間、自然と一体となり、自然と不可分のつながりをもって生きてきました。人類を生かしてきたのは自然そのものです。自然力のみによって人類は命をつなぎ、子孫を育ててきました。間違いなく、産業革命がはじまった約二五〇年前までは……。

繰り返しになりますが、産業革命が起きてから自然力は資源力＝化石燃料へと移行し、そこから自然環境は一気に汚染されていきました。そして、資本主義経済時代となり、地球上のすべての自然は人類の発展にとって利用すべき資源となり、大量生産、大量消費、大量廃棄するという構造によって地球は完全に支配されてしまいました。家計をオーバーしたら生活が成り立たないように、「私の地球」も完全に借金生活に陥っており、にっちもさっちもいかなくなってきたのです。そればかりか、地球では、それまで「遍在」していた富がいつのまにか「偏在」するようになり、不平等と格差による不満が渦巻いています。

経済成長という化け物に振り回され、自動車を基幹産業とする工業生産、それを合理化するための科学技術の進歩によって富とモノへの欲望が加速され、地球はごみだらけになってしまいました。今、私たちに突きつけられている命題は、自浄能力を超えた地球環境を元に戻すことができるか、そして地球人口一〇〇億の時代が来ても「一軒家」で暮らすためにどのような準備をしたらいいのか、です。

## COLUMN　３Ｒ、二つの三角

「TOKYO SLIM」キャンペーンに参加した２年目（1997年）だったと思いますが、東京のごみについてのシンポジウムが開催されました。講師はカナダから招いた環境グループで、彼らが三角形で示した図形（下図参照）に目から鱗のショックを受けました。当時、ごみ減量の心構えとして「TOKYO SLIM」の広報の柱とされていたのが「３Ｒ」でした。３Ｒとは、Reduce《リデュース》（ごみになるものをつくらない、売らない、買わない）、Reuse《リユース》（使えるものは何度も使う）、Recycle《リサイクル》（資源として再利用する）のことです。この３Ｒについて東京都では、正三角形の上からリデュース、リユース、リサイクルと下に行くほど広く表記していました。ところが、カナダの環境グループが示したのは逆三角形で、リデュースが一番広く、リサイクルはもっとも小さかったのです。

上下逆さまになっているだけではないかと思いがちですが、「TOKYO SLIM」の３Ｒはリサイクルに回すことが前提となっていて、これでは環境への負荷を高めるので逆効果である、とカナダの環境グループが指摘したのです。まず、生産と販売段階でリデュースを最大限に大きくすることがごみ減量の入り口として合理的であることは明らかです。

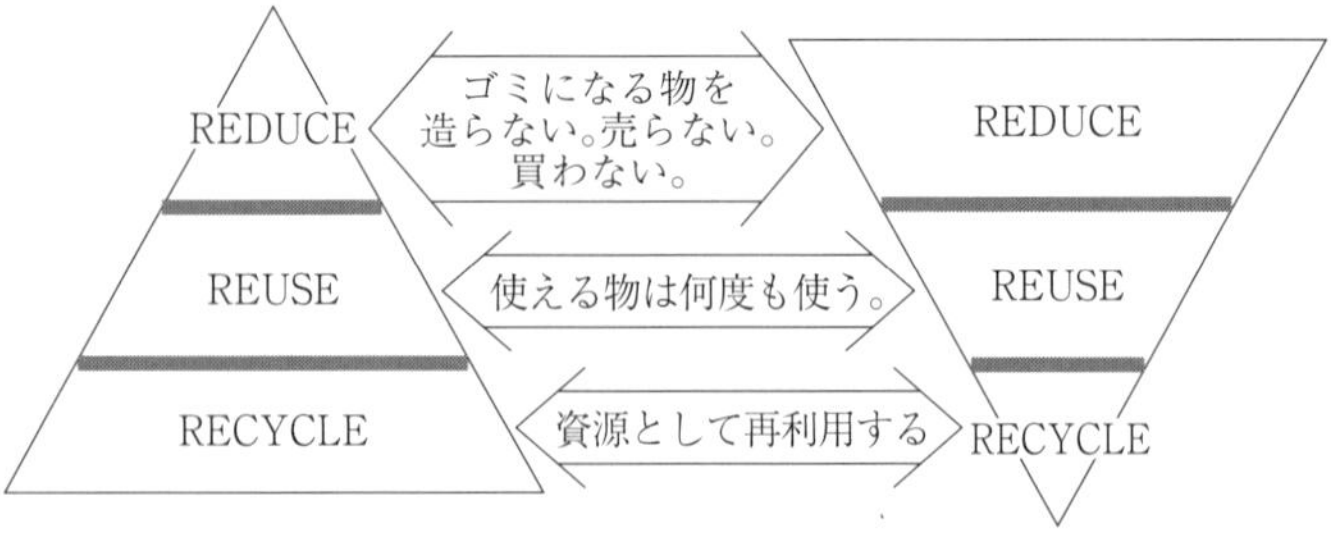


TOKYO SLIMの３Ｒ　　　カナダの環境グループの３Ｒ

経済成長を支えるためにエネルギーを大量に消費し、あわせて科学技術の「進歩」に過度の依存をすることによって、ごみの山のなかで暮らす生活になれきってしまった人類の動物的本能は「退化」の一途を辿ってきました。なかでも地球の自然環境に対する理性、感性、そして何よりも危機本能の退化はとりわけ深刻で、それが環境問題の根源にあると筆者は受け止めています。

便利さと物質的な豊かさが幸福であるという感覚に縛られている多くの人類にとって、地球と向き合うための三つのヒント、「単純化を排したシンプル主義」、「地球一個での暮らし」そして「ＭＯＴＴＡＩＮＡＩ」を、実生活において少しずつ反映させることは決して難しいことではないと思います。本書で繰り返し述べてきましたが、物質的な豊かさと幸福は決してイコールでないことに気付き、実際にそれを政策に取り入れている国や日常生活で実践している人々が増えつつあります。

今、一番大切なことは、環境問題に一人ひとりが向き合い、課題に気付いて、その課題を解決するために理性と感性を繊細に働かせ、「進歩」によって「退化」した動物的な本能を呼び覚まし、「進化」を取り戻すことではないかと考えます。あらゆる地球上の生物が環境に適応できるように変化すること、それこそが「進化」です。自然と一体である人類も、資源エネルギーから自然エネルギーに転換する近未来の変化に適応するために、さらなる「進化」が求められているのです。

# おわりにかえて

## 「傷ついても地球は生きている」

「暁新世・始新世境界温暖化極大事件（ＰＥＴＭ）」（七九ページ参照）によって地球上の生物の生存が危機に直面するほどの超温暖化時代があったことについて述べましたが、私はこれを知ったときに素朴な疑問を抱きました。それは、どうして地球の生物が生き残ることができたのだろうか、ということです。天から救世主が舞い降りたのか、それとも神秘に満ちた宇宙から救いの手が伸びたのだろうか、超温暖化は数千万年かけて終息したと言われていますが、発生原因があれば終息原因もあるはずだ、と思ったからです。

発生と終息については多くの地球科学者や生物学者が研究を進めてきましたが、発生原因として、火山の大爆発によって地下から噴出した大量の二酸化炭素説やメタンハイドレート説が挙げられていました。メタンハイドレートといえば、言うまでもなく原油に代わるシェールガスなどともに、トランプ大統領を「パリ協定」から離脱させるほど強気にさせた資源エネルギーです。

いずれにしても、火山噴火かもしくはそれによる地核の崩落によって地表に大量に噴き出した温室効果ガスが超高温を招いたのではないかと推測されています。吹き出しはじめたのは約六六〇〇万年前と推測されており、それは直径約一〇キロメートルの小惑星が地球に衝突した時期とほぼ重なっていますので、そのときに受けた衝撃が何らかの影響を及ぼしたことも考えられます。その後、温暖化は約一〇〇〇万年かけて進み、超温暖化現象が起き、そこから数千万年の時間をかけて終息に向かったわけですが、その終息の原因が、なんと二酸化炭素を食べるプランクトンの大量発生によるという研究成果が二〇一七年〈日本経済新聞〉に発表されました(1)。

その証拠は、インド洋の海底の堆積物から見つかったとされています。地球を超温暖化の危機を救ったのが小さなプランクトンであったことが、世界中の研究者に大きな驚きとして受け止められました。これこそが、地球が備えている自浄能力と治癒能力です。プランクトンだけでなく、海のサンゴ群は海の中に溶け込んだ二酸化炭素を食べて酸素を吐き出し、森林は大気中の二酸化炭素を吸収して酸素を吐き出してくれることがよく知られています。地球が自浄能力を備えていることは、前掲した『ナチュラル・ステップ』が指摘しているとおりです。

人類の叡智を集めて、先進の科学技術の粋を駆使しても地球の温暖化を改善する方法はいまだ

---

(1)　東京大学大学院工学系研究科の研究グループからの発表「過去の『超温暖化』を終息させたメカニズムの痕跡をインド洋の深海堆積物から発見」参照。http://release.nikkei.co.jp/attach_file/0456594_01.pdf

に見つかっていません。一〇〇〇万年に及んだ超温暖化が終息するまで数千万年を要したように、傷ついた地球を癒すための近道はありません。

大量のプラスチックごみや農薬で海を汚染し、開発という名目で多くの森林を焼き払い、そこに巨大な都市を造って、道路を建設して多くの自動車を走らせてきました。排出される大量のごみや二酸化炭素の量が地球の自浄能力を超えている現在、海や森林への敬意を失っている人類がいくら科学技術を投入しようとも、そう簡単には地球の傷を癒すことはできません。五六〇〇万年前の超温暖化は自然が原因でした。二〇世紀の温暖化は人類が原因です。今起きている温暖化を改善するために、助けを地球に求めることは許されません。

## 地殻で起きている異変

地震大国日本では、地震は予測が不可能であるとして、万が一のときに大災害とならないように防災、減災への対応を充実していく以外に方法はないとされています。ところが、過去一五〇年間で起きた地震のうち、七二八か所は人類の営みが原因とされるという研究が「National Geographic」誌（二〇一七年一〇月五日号・日本版）の「Seismological Research Letters」という記事で発表されました。

天災中の天災であると思われてきた地震のうち、これほどの数が人類によって起こされたという報告は衝撃的でした。その人為的地震の主な原因が何かというと、もっとも多いのが資源の採掘によるものが二七一か所でした。資源を掘り出したことで地層バランスが崩れ、それが地震を引き起こしたとしています。次に多かったのがダム建設の一七六か所でした。ダムに貯めた大量の水の重さで地殻に過重な圧力がかかり、地殻崩壊によって大地震につながったというのです。中国で二〇〇八年に発生した四川大地震がこれに該当するとされています。

そのほか、アメリカでは、主に石油や天然ガスの水圧破砕法という採掘方法などが原因と思われる地震が七七か所で発生していると「アメリカ地質調査所」が報告しています。さらに、核爆発による地震も二二か所で確認されています。研究論文は、これからも人為的地震は増えていくだろうと警告を発しているのです。

このまま地殻の破壊が進み、大崩壊が起きたら五六〇〇〇万年前に起きたＰＴＥＭが、今度は人為的な原因で発生するのではないかと危惧されます。そのとき、地球が人類を助けてくれるという保証はありません。地球の大気と海は汚染され、資源エネルギーを得るために地殻までが破砕されつつあることは、地球が土台から崩れかねないほど満身創痍の状態になっているという証しになります。

また、海洋油田の開発が進めば、海の奥底にある地殻が崩れていくという恐れもあります。もし現実になったら、二酸化炭素を酸素に変えてくれるプランクトンや珊瑚礁が滅ぶといった可能性もあります。資源エネルギーの消費量と経済成長は表裏一体ですが、決してニワトリとタマゴの関係ではありません。資源エネルギーがあっての経済成長であり、その逆はあり得ないのです。「これからどうなるか」、「そんなことを予想して何になるのか」、「いい方向に進めるように科学技術がなんとかするだろう」、「人間の英知が新たな資源をつくり出すかもしれない」、「地球と同じような、人類が生息できる新しい惑星が見つかる可能性だってあるかもしれない」、「今生きている人類にとって、そんな先のことに責任をもつことはできない」などといった意見が多いことでしょう。しかし、これらの意見はすべて仮説であり、誰一人として確証をもっているわけではないのです。

七六億人が暮らす一軒家である地球が満身創痍になった原因を一言で表すとしたら、それは「人類の進歩」です。地球上の生き物は、すべて何らかの形で進化してきましたが、進歩は人類にしかありません。進歩とは、今よりもより幸せに、豊かに、平和に暮らそうという希望であり、目標でもあります。そのために、人類はさまざまな発見と発明を繰り返してきました。今日より明日、明日より明後日と止まることなく、いや、止まることが許されないかのように。

## 「追いつけ追い越せ」から「立ち止まれ振り返れ」の時代へ

産業発展、経済成長、そして戦争の世紀であった二〇世紀が二〇年前に終わり、世界は新しい局面を迎えています。環境とエネルギー資源、食糧問題、人口増大など、今までの人類史上で体験したことがない、先が見通せないカオスな時代が迫りつつあります。それぞれの問題が、時間の経過とともに地球規模のうねりとなって押し寄せることでしょう。

私たち一人ひとりが、そのうねりに身を任せるのか、それとも一人ひとりが未来のために行動することによってうねりを無力化できるのか、それはひとえに、「私の地球」をどうしたいのかにかかってきます。

あがいても仕方ないと諦めるのは簡単なことです。新たな科学技術に期待することも自由です。しかし、今のライフスタイルを未来永劫にわたって継続していくことは許されません。私たちが直面していること、それは「一軒家」の地球がすでにごみであふれ、自浄能力を失っていることです。かといって、「一軒家」以外に新しい家を求めることはできません。一軒家には人類だけが生きているわけではなく、多くの動植物が共存しています。人類も等しく自然の一部でしかないのです。

自然を恣意的に享受するだけで生きていくことは許されません。大量の資源を使って大量のモノをつくり、モノに囲まれる生活がはじまってからまだ二五〇年しか経っていません。モノに囲まれていることが豊かさの象徴であった時代は、どの国においても「追いつけ追い越せ」という競争原理が強く働いてきました。今求められるのは、「立ち止まれ振り返れ」です。

二一〇〇年に向けて国連は、持続可能な開発目標（ＳＤＧｓ）を二〇一五年九月に採択しましたが、その基本理念は「誰も置き去りにしない」です。地球人口一〇〇億時代が迫るなか、地球という「一軒家」で「誰も置き去りにされない」ためには、七六億人の一人ひとりが今をどのように生きるかにかかっています。

最後になりますが、環境問題の迷路を彷徨っていた筆者を入り口から出口へと導いてくれたカール＝ヘンリク・ロベール氏をはじめ、環境問題に取り組まれてきた研究者、科学者、自然学者などの専門家、そして知恵を授けてくれた先人たちの数々のメッセージに心から謝意を表します。また、本書の出版が日の目を見たのは、筆者の拙い文章に根気よく目を通し、指導、修正してくださいました株式会社新評論の武市一幸さんのご支援によるものであり、心より感謝を申し上げます。

末吉正三

二〇二〇年一〇月

## 参考文献一覧（和書）


・赤祖父俊一（二〇〇八）『正しく知る地球温暖化』誠文堂新光社
・大塚柳太郎（二〇一五）『ヒトはこうして増えてきた』新潮選書
・大塚柳太郎・鬼頭宏（一九九九）『地球人口100億の世紀』ウエッジ
・鬼頭宏（二〇〇〇）『人口から読む日本の歴史』講談社学術文庫
・鬼頭宏（二〇一二）『環境先進国　江戸』吉川弘文館
・小池康郎（二〇一一）『文系人のためのエネルギー入門』勁草書房
・佐伯啓思（二〇一七）『経済成長主義への決別』新潮選書
・猿橋勝子（一九九九）『女性として科学者として』日本図書センター
・下平和夫（二〇〇六）『関孝和』研成社
・壽福眞美ほか編（二〇一九）『「エネルギー計画2050」構想』法政大学出版局
・中公新書編集部編（二〇一八）『日本史の論点』中公新書
・津田左右吉（二〇一二）『古事記及び日本書紀の研究』毎日ワンズ
・浜野潔ほか（二〇〇九）『日本経済史1600-2000』慶應義塾大学出版会
・平岡敏夫編（一九九〇）『漱石日記』岩波書店
・広瀬隆（二〇一〇）『二酸化炭素温暖化説の崩壊』集英社
・福永武彦訳（二〇〇三）『現代語訳　古事記』河出書房新社
・増田悦佐（二〇一〇）『クルマ社会・7つの大罪』PHP研究所
・南方熊楠（一九九一）『南方民俗学』河出文庫

・宮本憲一（二〇〇七）『環境経済学（新版）』岩波書店
・三好行雄編（一九八六）『漱石文明論集』岩波書店
・吉岡　斉（二〇一一）『新版　原子力の社会史』朝日選書
・吉岡　斉（二〇一二）『脱原子力国家への道』岩波書店
・米沢富美子（二〇〇九）『猿橋勝子という生き方』岩波書店

## 参考文献一覧（邦訳書）

・エルンスト・F・シューマッハ／酒井懋訳（二〇〇〇）『スモール イズ ビューティフル再論』講談社学術文庫
・カール＝ヘンリク・ロベール／市河俊男訳（二〇一〇）『新装版　ナチュラル・ステップ』新評論
・ケイティ・アルヴォード／堀添由紀訳（二〇一三）『クルマよ、お世話になりました』白水社
・マティース・ワケナゲル，ウィリアム・リース／和田喜彦監訳・解題　池田真理訳（二〇〇四）『エコロジカル・フットプリント』合同出版
・レイチェル・カーソン／青樹簗一訳（一九七四）『沈黙の春』新潮文庫
・レスター・R・ブラウン／枝廣淳子・中小路佳代子訳（二〇一二）『地球に残された時間』ダイヤモンド社
・ロバート・ヘイゼン／円城寺守監訳・渡会圭子訳（二〇一四）『地球進化46億年の物語』講談社（ブルーバックス）

**著者紹介**

**末吉正三**（すえよし・しょうぞう）
1943年　東京都生まれ。東京ＹＭＣＡ国際ホテル専門学校卒。
ホテルに３年半勤務後、広告プロダクションへ転職。広告プランナーとして広告代理店勤務を経て、35歳でフリーになる。
65歳で引退後は、児童書のライターとして環境、人口、エネルギー問題、防災関係の本などの出版に携わる。

**76億人が暮らす「一軒家」**
——地球で起きていることにはすべて理由がある——

2020年12月15日　初版第１刷発行

著者　末吉正三
発行者　武市一幸

発行所　株式会社　新評論

〒169-0051
東京都新宿区西早稲田３-16-28
http://www.shinhyoron.co.jp

電話　03(3202)7391
FAX　03(3202)5832
振替・00160-1-113487

落丁・乱丁はお取り替えします。
定価はカバーに表示してあります。

印刷　フォレスト
製本　中永製本所
装丁　山田英春



Printed in Japan
ISBN978-4-7948-1170-7

## 新 評 論　　好 評 既 刊 書

K＝H・ロベール／市河俊男訳

**新装版**
### ナチュラル・ステップ

スウェーデンにおける人と企業の環境教育

**世界中から多大な注目を集めるスウェーデンの環境保護団体の全貌を、主宰者の著者が市民や企業経営者らに向けて、平易な語り口で説く。**

[四六並製　272 頁　2500 円　ISBN978-4-7948-0844-8]

ブルーノ・ラトゥール/川村久美子訳・解題

### 地球に降り立つ

新気候体制を生き抜くための政治

**パリ気候協定後の世界とトランプ現象の根幹をどう理解し、思考の共有を図るべきか。名著『虚構の「近代」』著者からのメッセージ！**

[四六上製　208 頁　2200 円　ISBN978-4-7948-1132-5]

J・S・ノルゴー＋B・L・クリステンセン／飯田哲也訳

### エネルギーと私たちの社会

デンマークに学ぶ成熟社会

**デンマークの環境知性が贈る、社会と未来を大きく変える「未来書」。**
**自分自身の暮らしを見つめ直し、価値観を問い直す。**

[A5 並製　224 頁　2200 円　ISBN4-7948-0559-4]

S・ジェームズ&T・ラーティ／高見幸子監訳・編著／伊波美智子解説

### スウェーデンの持続可能なまちづくり

ナチュラル・ステップが導くコミュニティ改革

**サスティナブルな地域社会をつくる鍵は、スウェーデンにあった。持続可能なまちづくりに取り組む全ての方々に贈る、成功事例を含む実践の書。**

[A5 並製　284 頁　2500 円　ISBN978-4-7948-0710-4]

＊表示価格はすべて本体価格（税抜）です。